廚藝科學家
章致綱——著

廚房裡的美味科學

{ 把菜煮好吃不必靠經驗，
關鍵在科學訣竅 }

uncolor
出色文化

了解食品科學，
發揮食材功效、更進一步創新！

　　常有人好奇，學化工的我為何對餐飲有興趣，我想：家母燒得一手好菜是主因，其次，小時候住在內壢居廣一村，沒事經常穿梭鄰居家，嚐遍大江南北眷村好菜，耳濡目染，漸漸開始愛上「吃」這件事！

　　在工研院任職期間，每天早晨我會提前一小時出門，先到馬偕醫院旁光復路的菜市場與小販們聊天，有任何疑難處就提出來請教，他們也都坦誠相告，日積月累，自然略懂一些烹飪訣竅。

　　國外求學時讀的是材料學，返國就職行業大多與材料有關；像是塑膠、橡膠、纖維、釉藥、油漆……等。材料的延伸，可以包括食品，而製成原理也有相通之處（例如：熱熔膠的製造捏合就跟揉麵很像。）運用所學的知識，由不可吃的材料領域轉換到可吃的食材領域，自己在家經常試做不同食品的結果，獲得不少觸類旁通的樂趣。

　　因緣際會下，與高雄餐飲學院、新竹食品研究所、王品、欣葉及鬍鬚張等集團有密切互動，發覺國內廚師功力技巧固然老練嫻熟，卻常「知其然，而不知其所以然」，光靠經驗傳承，少了食品科學的理解，難以提升境界。

　　再者，一般傳統觀念對廚藝烹飪行業，仍缺乏適度尊重與理解。舉小女為例：她在紐西蘭攻讀烹飪廚藝，連家母都不以為然，每看到我就叨唸一遍，直到參加紐西蘭Nestlé Toque d'Or學生團隊比賽得了冠軍，登上報紙，才不再繼續「唸經」。

我以材料加工的背景來探討食物烹飪，希望廚師們不僅做菜高明，還能了解食品科學的內涵，發揮食材功效，才容易進一步創新！其實，所謂美食就是選用新鮮食材，藉著巧妙加工法（而非加入不相關的添加劑）以變化、創造出絕佳之美味。

個人累積多年的實際經驗，願就教於高明，並與餐飲界及諸多對此有興趣者分享和互動，將彼此的烹飪經驗智慧與材料科學知識整合，進一步發揚光大，或可跟上甚至領先世界的潮流，必指日可待呢！

———章致綱

本書承蒙王艾葳、吳杰修、吳萬益、巢佳苓、葉誠、及劉沅之鼎力相助，使拙作得以順利付梓，在此致上謝忱！另家母之啟發與內人的鼓勵，亦功不可沒！

　　我從事餐飲數十年，在松山社大選課時被這堂課吸引，因為這位老師不是廚師，如何談廚房？真正上過後才了解章老師的專長是與實務食品材料結合，令人印象深刻，且淺顯易懂，歸納現象，讓上課生動有趣，其中經驗與知識的內涵，更是經驗累積，非外人所能道敘明白，不知不覺就上了兩期，讓我這個餐飲從事業者樂在其中。

　　這是一本結合烹飪與科學的書，讓你了解為何食物微波易局部過熟？如何吃出健康原味？了解食材，更掌握科學觀念，吃出食品安全，這也是章老師的用心與堅持，非常值得大家去學習。

──張英傑

　　從小跟著媽媽在廚房轉著玩，學了不少廚活兒。長大後，這些累積的經驗植入腦海，讓我悠遊在廚房料理三餐餵養家人。

　　然而烹煮過程中，知其然不知其所以然，興趣驅使下，參加章老師在社大開烹飪理論的課程。理論和實務的結合，加上數堂實作課，充分傳達老師所要呈現的樣貌，如殺青是可以用鹽、油、鈷六十來處理，五花肉煮到七八分熟時，蓋鍋熄火，讓肉繼續熟成，吃起來的口感一樣很嫩……懂了這些原理，讓烹煮食物更輕鬆、簡化，也一樣達到美味、可口的境界。

──翁淑秋

　　章老師告訴我們食物在烹煮時，食材會產生的物理、化學變化，及如何利用這些反應煮出一道道美食。最讓我難忘的是「日式炸豬排」，總覺得餐廳的豬排總能炸得外酥內嫩又多汁，我的豬排卻老是硬或乾。後來才知好吃的祕密是──分兩次炸，讓肉質歷經快速熟成變得嫩且多汁、酥脆。

──于居苓

　　章老師所有的課程中,令我印象最深刻的,就是用電鍋煮出香噴噴的白米飯,免浸泡、省時又方便。當天晚上回家,我決定用章老師所教的方法來煮今晚的飯。米與水的黃金比例,在正確的溫度、技巧與時機下,白米飯變得又白又香,讓今晚餐桌上所有的料理自動UP一個等級!

　　看著先生與女兒一碗接著一碗的盛,頓時幸福感爆棚!這個最平凡、最簡易的白飯,讓我深深相信,老師對於食品的知識與了解,是多麼的純熟。

　　很開心老師出書了,這可是所有想要在廚藝上精進的人的一大福音。如何運用正確的料理食材,煮出一道道安全、健康又美味的餐點,看老師的書,準沒錯啦!

——陳曼

目錄 | CONTENTS

CONTENTS

Chapter2
快速上手！24堂台菜料理課

Chapter3
用科學方法成功做出異國美食

CONTENTS

Chapter4
用科學替食物把脈，找出真相！

Chapter1

科學4原理，
輕鬆燒好菜！

化學作用無所不在，
廚房裡更是充滿著化學變化，
像是蘋果削皮後果肉變成褐色、
麵包用烤箱烤好之後散發出香氣、
青菜要好吃一定要大火爆炒等，
懂得巧妙應用，
就能花最少時間做出美味料理，
再也不必在廚房累積挫折感了。

總歸一句話，
菜煮得好吃不一定要靠經驗，也可以靠科學。

用科學燒菜，
讓料理變成最快樂的事！

把菜煮得好吃，不必只靠經驗，現在你還可以靠科學，而家人的回饋，更成為你持續的動力。

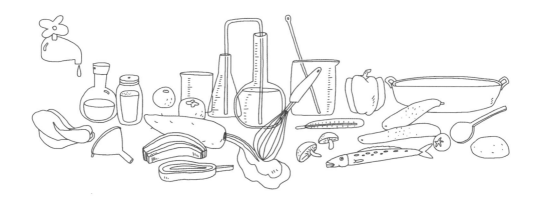

我學的是化學工程及材料科學，不少上廚藝課程的學生或聽演講的聽眾很難想像，眼前這位身體硬朗、聲如洪鐘的傢伙，怎麼會對廚藝有如此狂熱的興趣？

化學作用無所不在，**廚房裡充滿著化學變化**，像是蘋果削皮後果肉變成褐色、麵包用烤箱烤一段時間散發出香氣、青菜要好吃一定要大火爆炒等，懂得巧妙應用，不僅廚藝精進，大幅提高成功率，還會激發做菜動機而樂此不疲。

大師用經驗撇步料理，我用科學訣竅燒菜

小孟（化名）是我在社大教課的學生，她燒菜的技巧與能幹的外表似成反比；平日雞肉燒得太柴，會認為買錯肉了，煮飯有時半生不熟，還帶米心，或是水加多了，飯太稀。想煮出香濃蛋汁流出的溏心蛋，打開後，蛋白、蛋黃全熟了……她好苦惱，很想燒出一桌可口美味的料理給先生孩子吃，但失敗率高，家人各個苦瓜臉。

課程初期，她忐忑不安，沒有太大期待，一個專精化學材料的老師會教出什麼好料理，又能從他身上學到什麼廚藝？！等到我端出一道又一道用化學原理鋪陳出來的佳餚，她豁然開竅了，廚藝進步神速；雞胸肉不柴了，鮮嫩多汁，飯粒分明，香Q甘甜。煮好的溏心蛋，蛋白軟嫩，切開後蛋黃爆漿而出！她形容得妙：「阿基師用的是經驗撇步，老師你用的是科學訣竅。」

用科學做菜，贏得家人的心

瑤君（化名）和小孟不同，燒菜的基本手藝不錯，可是炒來煮去就是那幾道菜，變不出什麼新鮮口味。心血來潮很想給正在成長的小孩換個口味，試著照食譜書做馬鈴薯煎餅、日式茶碗蒸。未料看似簡單的料理，卻抓不到那個味兒，孩子吃了幾口不吃了，讓她好失望。

初到教室，她很好奇沒有廚師證照的老師要教廚藝課程。當我秀出一張張簡報，娓娓說出廚房裡的化學應用概念時，她嚴肅不笑的表情有了變化，頻頻點頭，幾堂課程後，反而是她秀出臉書上家人開心吃著煎餅、茶碗蒸的照片。

用科學做菜，是提升燒菜的實驗精神，會開始激發做菜熱情，改變烹飪態度，學生給的回饋就是最好的證明。

關鍵四工法，
成就廚房裡的有趣「食」驗！

了解食物香味的形成及食材受熱後色澤的變化後，你會發現，原來都蘊含著無窮科學知識及原理，慢慢也會認同廚房就是化學「食」驗室。

廚房是化學實驗室？幾乎所有學生都知道我會將兩者劃上等號，最初他們的表情不置可否，似乎在說明，廚房是煮出美味佳餚之處，化學實驗室可是擺滿燒杯、漏斗、溫度計、攪拌器等進行試驗的地方，怎麼會相同？

講課中，我習慣大量使用化學名詞，個人覺得簡單易懂，但對很少接觸化學的學員來說，看得出是「鴨子聽雷」。但當他們琅琅上口說出「殺青」、「快速熟成」、「梅納反應」、「焦糖反應」等廚藝關鍵四大工法，而理解了蛋白質的變性、澱粉的糊化、食物香味的形成及食材受熱後色澤的變化，原來都蘊含著無窮科學知識（know how）及原理（know why）時，一種發自「同一國」的樂趣油然而生，大家開始認同廚房就是化學「食」驗室的道理。

當然，除了書中所強調的關鍵四工法，還有其他的化學反應──乳化

反應（如湯品、奶凍），或是香味反應（如添加酒、醋所產生的味道變化）等。

我會特別將「殺青」、「快速熟成」、「梅納反應」、「焦糖反應」提出說明，是因為這些科學原理被運用在西方料理已好長一段時間，但在台灣或是中國社會，我們多以含糊的「火侯」來作替代，使很多人感到困惑。

關鍵工法1 ｜ 殺 青

殺青（Blanch）是一種快速讓食材中的酵素失去活性，以保持或封存食材的顏色與脆度的重要工法，我常用「爐火『存』青」來形容。

方法 1 沸水汆燙

將水燒開至100℃，再將食材放入100℃熱水中，使其酵素失去活性。

常見作法是葉菜類汆燙約數秒；綠花椰菜汆燙約30秒，可看到綠花椰菜的翠綠。待要食用時，再入沸水中煮2～3分鐘，即是一盤鮮嫩翠綠的綠花椰菜。

小提醒，沸水汆燙後若能以冷水降溫，則殺青效果會更顯著。

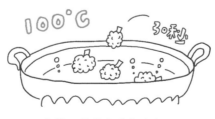

汆燙，是殺青的方法之一

高溫蒸氣

這是利用**高溫蒸氣導熱的方式**，使食材中的酵素失去活性，又有人稱為**「蒸青」**，作用一樣是保留食材風味。

最常見的作法是用高溫蒸氣烹調鱈魚，讓肉質Q嫩。鱈魚肉質較軟，以大火加熱快速殺青，可避免肉質過分糊化，失掉Q嫩風味。

蒸青：高溫蒸氣導熱

方法

3
高溫油燙

這是利用**140～190℃高溫導熱的方式**，使食材酵素失去活性。

課堂中，我常用「過油」說明，對廚藝稍有心得的同學一聽就懂，還會補充說明<u>「就是將食材在『熱油』中『撈』一下」</u>，意思是說這道殺青法有兩個要件，一個是140度以上的高溫，一個是撈，這個字用得妙，意思是時間很短，約3～5秒鐘，食材放在漏杓上，放入熱油鍋以後，心中默念「1、2、3、4、5」，隨即起鍋。

和沸水汆燙蔬菜相比，過油蔬菜顏色較為翠綠漂亮，味道很香，但比較油膩。茄子則不然，因表皮光滑，不易吸油。

一般青菜以沸水殺青即可保持翠綠顏色，但茄子氧化速度太快，用沸水殺青無法保持鮮豔顏色，所以需要用**更高溫的油瞬間殺青，快速讓茄子皮的酵素失效**，以保持原本的鮮豔紫色。

而溫度掌控最重要，油溫要夠熱，約180℃，才易使茄子在高溫中顯出鮮紫色，用竹筷試溫，若筷子周圍出現大氣泡，就可以放入茄子。

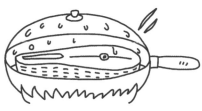

140°～190°C

高溫油瞬間殺青，
使酵素失效，保持原色

　　這是電磁場能量轉化成物質分子動能的作用，物質會吸收微波能量而產生熱量，促使酵素失去活性。不少人聽到微波殺青，會問說：「跟微波熱菜一樣嗎？」看起來類似，其實不同。我常用酒釀為例，讓學生了解微波殺青的變化。

　　酒釀是蒸熟的糯米，拌上酒醅（微生物酵母菌）發酵而成的甜米酒。有好多種吃法，直接生吃，感覺滋味很鮮甜；用水煮滾吃，會發現甜酒釀變成酸酒釀，加了湯圓、蛋煮成酒釀湯圓，酸味沖淡，仍然偏酸。

　　那要如何做出好吃滾燙的甜酒釀呢？首先，迅煮湯圓，邊將酒釀放入微波爐中迅速加熱，再倒入鍋中與湯圓繼續煮滾，打上蛋花，就可以吃到名副其實的滾燙甜酒釀湯圓，暖呼呼的甜滋味。

酒釀迅速加熱　　　　　與湯圓一起煮滾　　　　　打上蛋花

為什麼微波殺青就能吃到甜酒釀？

　　未煮過的甜酒釀含有許多活的、有益健康的酵母菌，直接吃未煮過的甜酒釀，可吃到許多有益健康且微甜的酵母菌；用水煮的酒釀，所含的酵母活菌會在慢慢加熱過程中，出現從「酒」變「醋」的氧化作用，所以會有酸味。甜酒釀放在微波爐迅速加熱的殺青作用，會迅速殺死活的酵母菌，並保留原有甜味，也可將甜酒釀放入高溫鍋中迅速加熱產生殺青作用。

　　有些市售甜酒釀在出廠前做過殺青處理，所以甜酒釀米粒較軟，由於已經沒有活的酵母菌，也不會產生許多活菌發酵的氣泡；在出廠前如果未經過殺青處理，活的酵母菌會產生許多發酵氣泡，易使甜酒釀米粒懸浮於甜酒之上，米粒口感比較香醇。

方法 5 化學藥物醃漬

利用化學物質改變食材的結構。最常見的是皮蛋，利用鹼性化學物質氫氧化鈉（NaOH）處理新鮮鴨蛋製造而成，利用滲透原理，氫氧化鈉會經過蛋殼氣孔滲入蛋中，導致蛋白凝膠現象，蛋黃呈青黑色。

NaOH經蛋殼氣孔滲入蛋中

什麼是滲透原理？
滲透原理是指水分子經由擴散的方式，通過細胞膜。

方法 6 鹽巴醃漬

利用鹽巴醃漬食材，逼出酵素，並使殘留在食材中的酵素失去活性。常見作法是醃漬白蘿蔔、小黃瓜、油菜，形成另一種風味的蘿蔔乾、蔭瓜、雪裡紅。

鹽醃漬食材逼出酵素

好吃蘿蔔乾，這樣做！

材料：白蘿蔔10斤，粗鹽1斤。

步驟：

1. 白蘿蔔洗乾淨，保留外皮、切塊狀。
2. 用2/3的粗鹽醃漬約半天，白蘿蔔變軟後會冒出苦水，倒掉。
3. 用手搓揉、擰掉多餘水分，裝入布袋，用大石頭將水分壓乾。
4. 擺在大太陽下曬乾，再用1/3的粗鹽醃漬約半天並石頭壓乾，再拿到太陽下曬到完全乾燥，約可做出2斤醃漬蘿蔔乾。

關鍵工法2 | **快速熟成**

　　這是一種使食材快速變嫩的工法，通常用在肉類烹調，我常用「提升嫩度」形容，吃在嘴裡的直接感受是「好嫩」。有些學生會問：「這和『小火燜』有什麼不一樣？」也有人會說：「這不就是『烹調兩次』的意思，先熟一次以後盛盤，涼個5～10分鐘以後，再熟一次。」學生所說的是經驗談，但<u>從廚藝工法角度，和溫度的變化有關</u>。

　　為什麼會變嫩？與溫度相關。一般食物中的酵素，溫度接近65℃會失去活性，**快速熟成（Fast Aging）的溫度為50℃左右**（比泡湯的溫度略高），酵素活性增加，使食材快速變軟。

　　快速熟成最常用在旗魚料理。旗魚無刺，是家中經常料理的深海魚，紅燒、乾煎都可以提升美味，最怕烹煮不當讓肉質變柴，乾硬難以入口，利用快速熟成工法，**讓魚肉中間部位的溫度維持在約50℃，約10～20分鐘**，此時新鮮魚肉中的酵素會因酵素活化，使得魚肉變軟，所以能吃到最鮮嫩的魚肉。除了旗魚以外，煮白蘿蔔（或其他根莖類）要煮到軟嫩甘甜口感，也可以用快速熟成工法達到。

Tips 冬天洗熱水澡的溫度大約就是50℃。

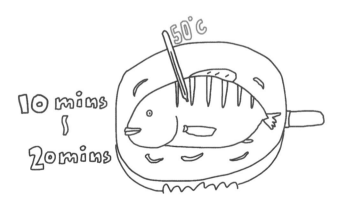

快速熟成：以溫度約50℃慢煮

這樣做，燒出美味好料理！

軟嫩旗魚

方法**1.** 先將魚肉「燙」半熟，保溫靜置15分鐘，再放入鍋內烹調至全熟。
方法**2.** 先將魚肉「煎」半熟，保溫靜置15分鐘，再放入鍋內烹調至全熟。
方法**3.** 先將魚肉「蒸」半熟，保溫靜置15分鐘，再放入鍋內蒸至全熟。

利用快速熟成工法，可做出可口美味的三杯旗魚、煎旗魚、紅燒旗魚、清蒸旗魚。

Tips 新鮮魚肉的厚度與溫度會影響快速熟成暨烹調的時間。

甘甜白蘿蔔

材料：白蘿蔔數根。
步驟：
1. 將白蘿蔔切成大塊，放進注入冷水的煮鍋內。
2. 加熱至50℃左右，快速熟成約30分鐘，此時新鮮白蘿蔔內的酵素會因溫熱活化，使得白蘿蔔變軟。
3. 再將溫度升溫煮滾後，轉小火燉煮，但不能讓白蘿蔔一直處在強烈翻滾的滾水沸騰中，否則容易煮碎蘿蔔，待蘿蔔煮至透明後，即可享用。

關鍵工法3 | 梅納反應

　　這是一種高溫烘焙時化學反應產生的結果，經過麵包店時，常會嗅到很香的烤麵包味，從櫥窗看到剛出爐金黃色的麵包，那誘人的香氣和顏色，就是梅納反應（Maillard Reaction）。

　　1910年，法國科學家梅納（Louis-Camille Maillard）發現，**食物中的胺基酸與還原糖經過120℃以上高溫時，會產生香醇味**，之後以他的名

字命名為梅納反應（Maillard Reaction），其實不只烘焙過的麵包會有梅納反應，任何以高溫油炒或烤過的食材口感，都會比水煮食材來得香，因一般水煮沸騰溫度只有100℃，不會出現什麼香醇味。

懂點廚藝的學生會跟我說：「梅納反應的名詞好專業，通常都會說『爆香』。」我點頭回應：「對！就是爆香，像用大蒜、薑片、蔥白用大火炒，香氣就出來了。」通常我還會說是「黃袍加深」，增加學生的記憶。

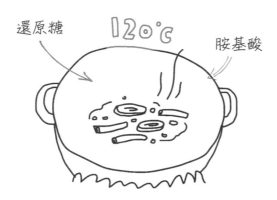

還原糖　　120℃　　胺基酸

梅納反應：簡單說就是爆香

經過梅納反應的工法後，食物口感會立即升級，例如：醬油摻水後，加入熱鍋邊緣，會產生爆香的古早味；水煎包起鍋前，加些麵糊水，水燒乾後會產生好吃的脆皮；牛排表面烤得微焦，香氣會滲入內部；炸成酥脆的雞排，也有令人陶醉的爆香口感。

另外煮湯時，放幾塊酥炸過的排骨酥，會使湯的味道提升。骨頭去掉血水後，表面經過高溫烘烤或煎炸出香味後放入熬成湯，一樣讓湯汁濃郁、香味四溢。

焦糖反應

　　糖類受熱超過特定溫度，分子開始瓦解產生的化學反應，稱為「焦糖反應」。也就是說烹調過程中，**蔗糖在165℃左右高溫下，食物顏色轉變成褐色的化學反應**，稱為焦糖反應（Caramelization Reaction）。

　　課堂上常用古早味糖水、糖葫蘆解釋焦糖反應，砂糖溶於水中，糖水用高溫熬成濃糖汁後，發出古早味糖水的焦糖香味，年輕學生沒有嘗過古早味糖水跟糖葫蘆，一臉不解的表情：「那是什麼味道？」我換成年輕人最愛的焦糖烤布蕾，他們就懂了。

　　將砂糖撒在烤盤上，用噴槍加熱，可清晰看見焦糖反應過程；砂糖遇熱後會熔融，變成液態狀，接著沸騰起泡，顏色開始轉黃，呈現焦糖色澤及微微苦味，這是最完美的焦糖化，我用「**如焦似漆**」說明那種焦化的完美，但繼續加熱到200℃就焦掉了，味道會變得很苦。焦糖烤布蕾就是這種作法。

22

　　利用焦糖反應，不只可以料理甜點，可以烹煮成可口的佳餚，通常煮紅燒肉的時候，會用醬油上色及提味，但醬油淋太多，擔心會太鹹，不妨先用少許砂糖或冰糖加熱產生焦糖色素，再倒入五花肉翻炒，既有醬色，又不會太鹹，還能提升口感，一舉數得。

布丁用噴槍加熱
呈現焦糖反應

165℃

什麼是醬色？

滷肉的色澤若不夠深褐，會有滷煮時間不足的疑慮。為了視覺美感，利用少量蔗糖經加熱產生焦糖色素來提高醬油的色澤，稱為醬色。

「殺青」

快速讓食材中的酵素失去活性，以保持或封存食材的顏色與脆度的重要工法。

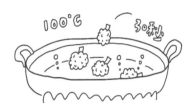

「快速熟成」

快速熟成的溫度為50℃左右（比泡湯的溫度略高），酵素活性增加，可以使食材快速變軟。

關鍵 4工法

「梅納反應」

食物中的胺基酸與還原糖經過120℃以上高溫時，會產生香醇的梅納反應。

「焦糖反應」

蔗糖在165℃左右的高溫下，顏色轉變成褐色的化學反應。

資料來源：ON FOOD AND COOKING, HAROLD MCGEE

減少傳統炒炸烹調，
科學燒出營養好食！

長久以來覺得好吃的制式菜餚配方，原來是健康殺手，用科學方式烹調，營養不流失，口感更好。

這幾年養生健康風潮興起，不少人驚覺，長久以來覺得好吃的制式菜餚配方，原來是沉默的健康殺手，開始尋求少添加物、簡單烹調的美食，朋友知道我是用科學方法在教廚藝，紛紛打聽：「用科學方法做菜，一定營養又好吃？」答案絕對肯定，只要懂得箇中原理，營養不流失，口感極棒。

我常跟大家分享一個重要概念「**Chemistry→Chem is try→ki mo chi**」，意思是「學習如何減少吃錯食物，從科學烹調做起很重要。」Chemistry（化學）就是Chem is try（試著做）學會以後，**就會有ki mo chi（好心情）**，心情一好，食慾大開，健康自然來。

化學Chemistry　　　　試著做Chem is try　　　　好心情ki mo chi

觀察國人常吃的菜餚，可以發現以下5種傳統烹調法：

1. 大火快炒

熱炒食物不勝枚舉，炒青菜、炒飯、炒麵、炒雞丁、炒肉絲等都是。

2. 高溫油炸

也是國人愛吃的料理，不論是夜市小吃，或是連鎖餐廳，炸雞、炸肉排、炸海鮮食物都很受歡迎。

3. 大火煮肉

是家庭料理中必備菜色，拜拜用的全雞、三層肉都是滾火煮出來的。

4. 熬煮骨頭湯

無論冬令進補或病中病後的補身，骨頭湯烹煮頻繁。

學生常問說：「用科學方式烹調，可以讓這些菜餚更好吃嗎？」我的答案是「是的！一定會加分！」

5. 大火油煎

先以大火煎至略熟，再以小火慢慢煎至全熟。

傳統作法1 | 大火快炒

中國人喜歡用大火快炒方式料理食材，油亮亮的外表，易勾起食慾，只是**大火快炒會增加身體的負擔**，改變方法，一樣可以吃到美味佳餚。

有一次，懂廚藝的學生跟我討論大火快炒青菜法，原來廚師將青菜分為軟性及硬性蔬菜，兩種廚藝工法不同：

作法 1 軟性蔬菜

空心菜、菠菜、小白菜、萵苣等，一炒就熟，可是鍋子溫度要熱，油不能太燙，否則容易炒乾。

作法 2 硬性蔬菜

芥藍菜、菜心、青江菜，不會一炒就熟，需要用水燜煮一點時間，才能煮到熟透。

從科學角度，**用大火快炒青菜**，可以吃到青菜的鮮脆，但從身體健康來看，用這種工法炒出來的青菜不健康，**容易大量釋放草酸**，長期吃進身體裡會提高結石風險。

另外，大火快炒肉片、炒飯，由於油料多，香味四溢，很容易吃進過量的油脂、鹽及調味料，很容易囤積熱量，增高肥胖的機率，有礙身體健康。

料理食驗室

破解炒菜密技，營養、美味不流失！

破解作法

熱水殺青→淋熱油

　　利用<u>沸水汆燙</u>殺青法，可以將菠菜、地瓜葉、空心菜、青江菜所含的草酸、殘餘肥料及農藥融於水中，降低吃進大量草酸、不好成分的機率，同時汆燙後，蔬菜中的酵素失去活性，可以嚐到清脆的口感，接著<u>淋上熱油</u>，放點鹽在燙熟的青菜上面，拌勻後食用，既營養又美味。

> 老師說：外食請注意，若汆燙青菜的水未經常換，可能對健康不利。

蔬菜先汆燙
去除農肥料及酵素活性

再淋熱油，調味

青菜汆燙更美味的祕訣

1. 火要大、水量要稍多。

　　目的 以免菜放下去後水溫驟降。

2. 水滾後下菜，再次水滾後立即撈起。

　　目的 會比較清脆好吃，燙青菜時間不宜太久，以免維生素遭到破壞，且影響口感。

3. 水中加一點鹽。

　　目的 可加速殺青，更為翠綠，也可減少青菜中礦物質、維生素的流失。

4. 汆燙後把菜放入冷水或冰水中。

　　目的 可去除蔬菜的辛辣與澀味。

熱水殺青→爆香大蒜→梅納醬油

利用沸水汆燙殺青法煮熟青菜，盛盤後靜置，接著用另一只鍋，放少許油，爆香大蒜（或薑片、蔥白），直接淋在青菜上，然後加上梅納醬油來增添口感。

熱水殺青煮熟青菜　　　　爆香大蒜加在青菜上　　　　淋上梅納醬油

美味關鍵：梅納醬油

1. 油量與醬油量比例約為3：1。

   目的 油與醬油混合液的溫度需大於120℃，才會產生爆香的氣味。

2. 油燒熱，熄火，倒入醬油滾煮數秒，聞到釀豆香味即盛起備用。

   目的 就是香醇可口、梅納香味的醬油。

│小提醒│

青菜汆燙後會減少殘留農藥及硝酸鹽肥料問題，但缺了爆香味，不少人會排斥燙青菜。但只要用梅納醬油方法提味，你就可以不用吃得這麼痛苦。

傳統作法2 │ 高溫油炸

經過高溫油炸的肉排，卡滋香脆的口感是很多人的最愛，可是要炸到外皮香脆，肉嫩多汁，沒有油膩感需要訣竅，否則就會吃到乾癟、硬柴、過油的肉排。

一般人總以為，利用大火一直油炸來逼出豬排內的油脂，炸完之後，再以餐巾紙吸取表面油分，其實這是錯誤的逼油方式，所吸取到的油分只有豬排表面，但內部油脂沒有大量減少，還是很油膩。不少學生都是用大火逼油來炸豬排，所以很想學習如何利用科學方法炸出外脆內嫩的炸肉排。下一頁馬上告訴你怎麼做！

外脆內嫩豬肉排的祕密

老師說：炸好的豬排需放在廚具周邊的熱源區如熱鍋旁，以便利用內外溫差逼出油脂。若炸好的豬排放在冷氣口附近，表面豬油易固化，阻礙內部油脂之滲出。

破解作法

1. 家中有兩只油鍋時

準備AB兩只油鍋，A鍋先倒油，用高溫短時間油炸豬排，油會封住豬排表面，減少肉汁流出。接著將豬排放入B低溫油鍋，用快速熟成工法讓豬排溫度維持約50℃油炸至五分熟，以免豬排肉柴化、變乾、變硬。最後再將豬排用A鍋以高溫油炸逼油、炸熟，利用內外溫差逼出油脂。

用高溫的A鍋　　　　放入B的低溫油鍋　　　再以高溫的A鍋
短時間炸豬排　　　　炸至五分熟　　　　　　逼油、炸熟豬排

2. 只有一只油鍋時

可以同時在熱油鍋內放入數片豬排，油溫會下降，立即轉小火，炸至五分熟時，將豬排撈起盛盤約15～20分鐘快速熟成，之後再將爐火轉大，待油溫達到高溫時，再放入豬排以高溫油炸逼油、炸熟。

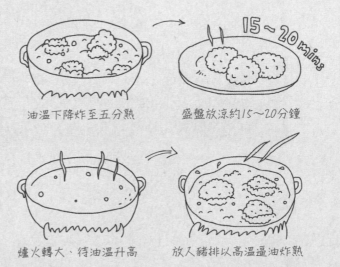

油溫下降炸至五分熟　　　盛盤放涼約15～20分鐘

爐火轉大、待油溫升高　　　放入豬排以高溫逼油炸熟

傳統作法3 | 大火煮肉

在台灣，滾火快煮的代表菜是全雞，幾乎年節喜慶、宴客聚餐、拜拜都會用大火煮成一隻全雞，但用大火煮，費時費工，烹調時間若沒有掌握好，肉質較硬，容易失去鮮美口感。如何用大火煮肉呢？可詳見Chapter2的P.75。提到全雞，通常都等到拜拜完後再吃，吃不完的雞肉會置放冰箱冷藏約1～2天後，再加熱食用，只是很多人常皺眉說：「有油騷味，很難下嚥！」

油騷味（WOF，warm-over flavor）是一種肉類料理的陳腐味，特別是家禽類和豬肉的脂肪含有較多不飽和脂肪酸，走味情形會較牛肉嚴重，原因是**肉類含有不飽和脂肪酸，與空氣中氧氣及肌紅素中鐵質結合反應後，會出現一種類似腐敗的味道**。沒吃完剩下的熟肉，若未做絕氧包裝，經過一段時間後滋生化學物質，加熱的過程中易生腥騷味。

有人吃習慣了不覺得肉有怪味，可是有人一聞到油騷味就反胃。另外，腐敗過程已經產生自由基，不利身體健康。至於怎麼復熱才不會有油騷味，這點會在Chapter4的P.166再詳細說明。

傳統作法4 | 熬煮骨頭湯

買豬小排、雞骨頭熬煮一鍋湯頭，幾乎是台灣家庭必備的湯料理，只是學生常皺著眉頭問：「去餐廳用餐時，所喝到的骨頭湯香醇可口，自己在家燉的骨頭湯，為何總是不夠香醇？還會喝到一股腥味？」

我的解釋是：傳統作法是將骨頭汆燙去血水後，再換一鍋清水燉湯，這種作法只會有鮮甜味，卻少了香醇口感。

香醇骨頭湯的祕密

破解作法

　　骨頭汆燙去血水後，利用烤箱將骨頭烤至有梅納反應的肉香後，再換一鍋清水燉湯，即可喝到香醇可口的骨頭湯。

Tips 排骨肉的作法同此。

好喝祕訣

1. 骨頭汆燙去血水並以烤箱烤過後，請記得用小火來燉湯。

　　目的 可減少香味及湯汁散失，較能留住香味。

烤過的骨頭用來燉湯

小火

2. 若家中沒有烤箱，也可以油炸或是油煎骨（肉）的方式替代。

　　目的 取代烤箱產生梅納反應的肉香味。

也可用油炸或油煎骨頭

傳統作法5 | **大火油煎**

　　用油煎魚、肉、蛋、海鮮，是藉由熟成的作法提升嫩度及香氣，只是油量多寡、溫度大小，會影響到油煎物的口感，煎得好，梅納反應所產生的香氣會讓品質提升；煎得不好，外焦內硬，不易入口，焦味會產生丙烯醯胺（acrylamide），這是一種致癌物質，所以常會提醒學生油煎時要掌控好溫度。那該如何料理，才能吃出健康？在此以P.20的油煎旗魚當作範例再次做說明。

這樣做，燒出軟嫩旗魚！

1. 新鮮旗魚肉以大火兩面各煎15秒。

　　目的 可使表面蛋白質變性，鎖住肉汁。

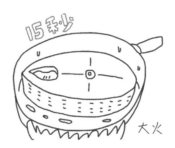

2. 接著轉小火慢煎，慢慢加熱魚肉，接著翻面煎熟。

　　目的 魚肉中的酵素更加活化，使肉質變更嫩，鮮味飽滿。

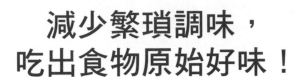

減少繁瑣調味，
吃出食物原始好味！

加料動作常會讓我們忘記原食物的好滋味，減少繁瑣的調味，不僅吃出原味，還能吃出多層次風味。

我經常觀察大家的用餐習慣，一桌有四個人用餐，菜單上有白飯、滷肉飯，點滷肉飯的人數會較多，再點燙青菜的話，也常會淋上濃濃的醬汁。到西餐廳用餐，端上桌的生菜沙拉會淋上凱薩醬或油醋醬，服務生端上牛排時，會問：「蘑菇醬還是黑胡椒醬？」

一碗白飯看似樸實、平凡，不用加肉燥，嘴裡嚼一嚼，即可以吃出糖類的甘甜味；品質良好的牛肉一樣不用淋上醬汁，撒點胡椒鹽，即能感受鮮嫩多汁的美味。

只是習慣養成後，這些加料動作常會讓我們忘記了什麼是原食物的好滋味，若減少繁瑣的調味料，不僅吃出原味，還能吃出多層次風味。

減少繁瑣調味1 │ 生菜＋沙拉醬汁

常見的生菜沙拉淋上一般市售美乃滋，吃到嘴裡是油油的美奶滋，而且生菜沒有脆度，不太爽口。其實製作生菜，還有許多健康調味法。

清爽脆口的生菜沙拉

> 老師說：蔬菜用熱水汆燙後較能徹底清除蟲卵，但酵素會減少。

破解作法

1. 洗淨後要冰鎮

沙拉要有脆感，新鮮生菜一定要用流水沖洗乾淨，接著生菜要用冰或冰水浸泡10分鐘，生菜入口前再撒上醬汁或鹽、胡椒，才能吃到蔬菜的清脆感。

Tips 冰鎮後的組織纖維會收縮變脆，還要去掉多餘水分，避免生菜變得軟爛。太早放鹽、胡椒與醬汁，生菜很容易變軟。

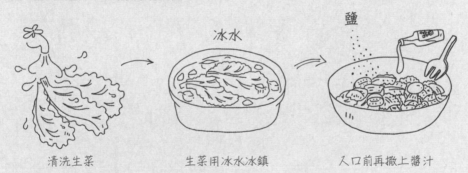

清洗生菜　　　　　　生菜用冰水冰鎮　　　　　入口前再撒上醬汁

2. 可以優格醬取代沙拉醬

沙拉醬基本材料是油、醋，可是油脂太多會變成熱量，所以可用市售優格醬取代，再添加堅果類，像松子、核桃、腰果、芝麻，搭配水果醋，既健康美味又爽口。

優格取代沙拉醬

3. 強調食材原有的風味

強調食材本身的風味，例如：有油脂香味的堅果醬、芝麻醬等，或酸甜味的檸檬汁、柑橘汁取代美乃滋，一樣可以吃到別具風味的生菜沙拉。

減少繁瑣調味2 | 各式沾醬＋小吃

　　小時候常吃的沾醬是豆瓣醬和辣椒醬，我還記得爸媽一定要買岡山特製的豆瓣醬，發酵的豆香味至今都回味無窮。

　　但現在不一樣了，醬料名目多不勝數，番茄醬、沙茶醬、油蔥醬、芥末醬、甜辣醬、醬油膏、糖醋醬、牛排醬、豬排醬、豆乳醬、烤肉醬、蒜蓉醬……等。我曾經問學生，這麼多醬料會用在哪一類的食物上，答案一樣很多元，到夜市吃蚵仔煎、關東煮、粽子淋甜辣醬，牛排、烤肉抹上牛排醬、烤肉醬，白斬雞、三層肉，沾上滿滿的蒜蓉醬。

　　年輕時的我，一樣愛加醬料，很喜歡邊吃邊沾醬，只是年紀增長後，發現太多的醬料會麻痺味蕾，於是逐漸調整飲食習慣，有所選擇，不再什麼醬料都吃。

料理食驗室

沾醬、美食這樣吃更好！

破解作法

1. 著重原味或簡單調味

　　最好是直接吃原味，不要再加任何的調味料，讓味蕾感受食物的真實味道，但如果真的不習慣，也建議簡單調味就好。吃牛排時，只加玫瑰鹽與胡椒；吃三層肉，將蒜瓣切碎，放少許釀造醬油調成蒜醬；吃蚵仔煎時，只加梅納醬油。

鹽、胡椒

以鹽或胡椒簡單調味

2. 善用梅納醬油

a. 用梅納醬油取代各式沾醬。用爆香醬油的梅納香味（見P.28），可以取代各式沾醬。

b. 梅納醬油可以作為沾醬，也有提味作用，像肉絲蛋炒飯，起鍋前加一小瓢，即可提升香醇味。

醬油

油

醬油倒入油中爆香

3. 使用辛香料

　　用新鮮辣椒加入醬油製成的辣醬，一樣可以取代各式沾醬，保證能吃到最佳的好滋味。

辣椒

醬油

新鮮辣椒加入醬油製成辣醬

快速上手！
24堂台菜料理課

看過電影「總鋪師」後，

勾起了我對台菜古早味的回憶，

甚至會想起與長輩鄰居們相處的時光。

台菜文化是有記憶的美食，更是文化的傳承。

許多老祖母的拿手菜因為不明就裡，

導致好味道漸漸失傳，

藉著科學的解說，了解箇中道理，

台菜的追溯配上理論的驗證，輕鬆找出古早味好吃的祕密。

現在，你可以自己透過動手做，尋回小時候的感覺，

除了滿足味蕾，也讓家人凝聚在一起！

大同電鍋煮出香Q「白米飯」

煮白飯看似簡單,但要煮得好吃卻很不容易,飯要煮得香Q,真的需要一些訣竅及方法,科學原理能幫助你更快上手。

註:所謂「杯」皆指「米杯」。

☑ 傳統作法

■ 常見作法

快速洗3杯米後,電鍋內鍋加入3杯室溫冷水,外鍋加1杯水,然後開始煮飯(若用電子鍋,外鍋不加水)。

■ 其他作法

將米浸泡冷水10~30分鐘後,再放入電鍋中烹煮。

缺點

1. 煮飯條件不易控制。水太少時,飯粒太硬,水太多時,飯粒糊掉,煮不出香Q米飯。
2. 水量不易掌控。用新米煮飯,放入內鍋的水通常會減量,用舊米煮飯,水量會多一些。
3. 飯粒表面易沾黏,沒有粒粒分明的色澤。
4. 易氧化偏黃,色澤不夠漂亮。

白米飯香Q的祕密

破解作法

材料：3杯米。

作法：

1. 快速洗米後，將洗米水倒出。
2. 加入2杯滾燙水（超過90℃），將米粒表面進行殺青，用筷子或湯匙攪拌10秒左右。
3. 再加入1杯室溫冷水。
4. 電鍋外鍋1杯水，按下開關煮飯。

🏆 勝

❶ 省時
- 煮飯時間縮短，傳統煮飯要 25 分鐘，殺青作法只需 20 分鐘。
- 一般電鍋煮完飯後，要燜 10 分鐘才可打開鍋蓋，殺青作法只要燜 3 分鐘。

❷ 減重
- 米粒表面殺青、米粒中間快速熟成作法，會烹煮出體積增大的米飯，定量食用可降低所攝取熱量。
- 可煮出外 Q 內嫩、有嚼勁的米飯，較耐得住飢餓，具瘦身效果。

❸ 好吃
米粒表面的酵素會因燙水高溫失去活性，米飯不易糊爛，口感紮實且保留 Q 度，用於燴飯、炒飯等米食料理特別好吃。

好吃訣竅

1. 米表面經高溫殺青

米粒表面經過殺青，口感有嚼勁；米粒表面殺青，可保存更多米香，烹煮出亮白飯粒，減少氧化偏黃的色澤。

有嚼勁

2. 米粒中間快速熟成

米粒中間溫度提升至約50℃，快速熟成，所含酵素因溫度增加，提高活性，形成內軟的米飯。

軟Q

 煮飯時加檸檬汁，會有香氣？

洗米後、煮飯前，滴上2、3滴現擠檸檬汁，會讓米飯有淡淡香氣，但不宜過多，過量時會破壞米飯原本香氣。如果使用鋁鍋煮飯，請不要滴入酸性的檸檬汁，鋁在高溫酸性水中容易溶解進入身體，對健康造成危害。

多1步驟，煮出老人家喜歡吃的飯！

老人家因為牙口關係，喜歡稍軟一點的口感，現在就來教大家如何透過關鍵工法，煮出老少咸宜的米飯。

材料：3杯米。

步驟：

1. 3杯米快速洗過，將洗米水倒盡。

2. 加入2杯滾燙水後，以筷子或湯匙攪拌約10秒。

   作用 米粒接觸燙水10秒，表面可達到殺青溫度（大於65℃）。

3. 接著加入1杯冷水，攪拌一下。

   作用 加入冷水會使鍋內溫度降至快速熟成溫度（大約50℃）。

4. 最後再加入1.5杯的溫水，攪拌一下即可開始煮飯。

   作用 溫水會使鍋內溫度維持至快速熟成溫度（大約50℃）。

老師說：米粒接觸燙水燙10秒，將使米粒表面酵素失去活性，表面較Q，較能鎖住米粒香氣，消化會較慢，不易餓，血糖值會較穩定；米粒中間達到約50℃，酵素會將米飯中間變得更軟嫩。

課程 02

梅納焦香餅皮「蔥蛋餅」

「老闆,一杯豆漿、一份蔥蛋餅!」在台灣,蛋餅是很受歡迎的美味早餐,許多人幾乎從小吃到大,還可添加培根、起士、鮪魚等各種食材,口味很多元。

✔ 傳統作法

■ 餅皮製作
目前蛋餅的餅皮有兩種,一是現成的冷凍餅皮,另一種是用麵粉、鹽、蔥花加冷水調製成麵糊,平底煎鍋中倒油後煎成餅皮。

■ 常見作法
碗中打1顆蛋,再放上餅皮一起煎,煎好後捲起來,切成小塊,用筷子夾著吃。

缺點
1. 如果喜歡餅皮有嚼勁,用麵粉、冷水調成麵糊製成的蛋餅皮,可能少了扎實感。
2. 用油煎成的蛋餅,油量相對多,對正在進行體重控制的人來說,是沉重負擔。

低卡無油的健康蔥蛋餅

❶ 比傳統蛋餅扎實，有彈性及飽足感。

❷ 無油低卡，較不會增加身體負擔。

勝

破解作法

材料：中筋麵粉300公克，鹽2公克，滾水170cc，冷水60cc，蛋1顆，青蔥適量。

作法：

1. 中筋麵粉、少許鹽盛入碗內，加入滾水，充分攪拌均勻，再加入冷水，拌勻成麵糰。

2. 拌勻的麵糰，蓋上保鮮膜，醒麵約15分鐘。

3. 青蔥洗淨，切成蔥花；蛋打入碗中，加入蔥花，打成散蛋，備用。

4. 將醒好的麵糰分成小塊，在桌板上先灑上一些麵粉，再開始揉麵。

5. 將揉好的小麵擀成餅皮，放入無油鍋中烙餅至熟。

6. 取一把剪刀，剪開烙餅中間層，但不要剪斷，將蔥蛋液倒入其中。

7. 繼續烙餅至蛋蔥熟，聞到餅皮產生香味時，即可盛盤。

好吃訣竅

1. 麵粉內加入鹽

麵粉內添加鹽，可增加麵食的筋度及嚼勁。

鹽

麵粉

2. 滾水倒入麵粉

滾燙熱水倒入麵粉中，因糊化作用而能加入較多的水量，使麵糰較軟。

滾水

麵粉

3. 蛋蔥熟可吃到殺青的蔥

烙餅至蛋蔥熟後立即享用，即可吃到剛殺青的青蔥，香氣足。

殺青的青蔥

4. 高溫下澱粉產生梅納反應

烙餅時，餅皮內的澱粉在高溫下會變得焦香美味，即為梅納反應。

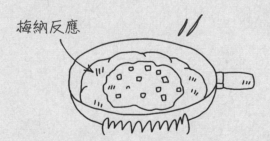

梅納反應

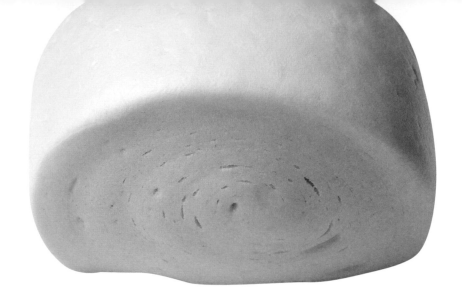

煎出少油好吃「饅頭片」

　　吃剩的饅頭或吐司，怎麼處理比較好？其實，油煎一下饅頭片、吐司，會
增加口感。只是它們油煎時會吸油，如何以少油煎得好吃是有訣竅的。

☑ 傳統作法

1. 先將少量油倒入平底鍋中。
2. 熱鍋後，放進切好的饅頭片（吐司）油煎。
3. 煎到兩面酥黃，即可起鍋。

缺點
饅頭片、吐司油煎時會吸滿油脂，口感雖酥脆
好吃，但吃進太多油脂，會轉成多餘熱量，對
要減重的人來說是一大負擔。

少油好吃的饅頭片

1 煎過的梅納香味，揉和著玫瑰鹽的鹹味，提高饅頭片或吐司的口感。

2 少油低卡，減少身體負擔。

勝

破解作法

材料：饅頭1個（或吐司1片），玫瑰鹽適量。

作法：

1. 熟饅頭切片後，用噴水器在表面噴水霧。
2. 平底鍋中放入少量油，加熱至高溫，放入饅頭片，兩面煎至微黃。
3. 起鍋前，灑適量玫瑰鹽。

好吃訣竅

1. 饅頭表面噴水霧

利用油、水不相容的原理，在饅頭表面噴水霧，遇熱汽化後成為大量氣體，會阻擋饅頭吸入太多油脂。

2. 煎到產生梅納香味

饅頭片油煎到兩面酥黃後，會產生無法抗拒的梅納焦香味。

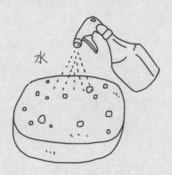

水

梅納香味

少許油

老師說：不可噴太多水霧在饅頭上，以免饅頭泡軟而降低口感，且易產生油爆。

成功煮出濃郁蛋黃膏「溏心蛋」

　　日式拉麵配上飽滿的溏心蛋，香濃蛋液混入拉麵湯汁中的絕妙滋味，令人無法忘懷，回到家也想自己動手做。

溏心蛋是蛋白熟、蛋黃為半流體狀，吃起來口感外Q內嫩，但技巧不容易掌握，失敗率隨之提高。其實只要掌握蛋白與蛋黃凝固點的溫度，就可煮出不同熟度的美味溏心蛋，現在一起來做做看吧！

☑ 傳統作法

使用冷藏雞蛋，非室溫蛋。將水煮滾後，直接放入整顆雞蛋，煮約5分鐘，立即撈起放入冷水，再放入醬汁中浸泡幾小時，即可食用。

缺點

1. 冷藏雞蛋直接放入滾水中，用大火煮，蛋殼易煮裂，過多熱量會傳導至蛋黃中，易煮熟變老。
2. 煮滾雞蛋過程中，若沒有攪動雞蛋，蛋黃常會滯留邊角處，剝殼時易讓蛋黃流出。

料理食驗室

美味溏心蛋

破解作法

材料：雞蛋數顆，燉肉滷汁1鍋，鹽適量。

作法：

1. 用室溫蛋，若是從冰箱取出的冷藏蛋，要退冰1小時。

2. 蛋、鹽先放入鍋中，滾燙水沖入鍋中（水量一定要蓋過蛋），再開火。

   Tips 若蛋粒較大顆或週遭溫度太低時，滾水量可添加多一點。製作溏心蛋時，滾水中要加鹽，以減少蛋殼破裂機率。

3. 大火滾煮約6～8分鐘，撈起、立刻放入冷水中。

   Tips 放入冷水目的是快速冷卻，防止過多熱能傳入蛋黃。

4. 將煮好的整顆雞蛋冷卻後剝殼。

5. 剝好殼的雞蛋，放入常溫滷汁數小時，再移至冰箱冷藏即成美味溏心蛋。

好吃訣竅

1. 帶殼蛋放入100℃滾水中

整顆帶殼蛋放在100℃滾水中，短時間加熱6～8分鐘，蛋白受熱較快，會完全凝固；蛋黃因受熱較慢，溫度未達到凝固點，僅會稍微黏稠，形成溏心蛋。

2. 蛋泡於有梅納香的滷汁中

滷汁是溏心蛋好吃的祕訣之一，大家可善用燉肉的肉汁；燉肉時，肉與醬油於高溫爆香，其滷汁會使浸泡的溏心蛋擁有特別香醇的梅納香味。

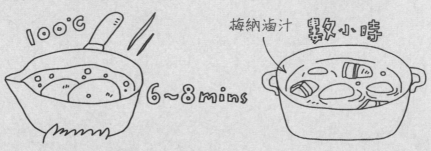

課程 05

煮出口感剛好「溫泉蛋」

拉麵店必點的溫泉蛋，滑嫩冰涼的半熟蛋，常直接吸食入口，好吃極了！但如何善用關鍵工法，做出美味的溫泉蛋呢？

溏心蛋、溫泉蛋是半熟的蛋料理，兩者區分在溫泉蛋是蛋白半熟、蛋黃熟，口感軟嫩；而溏心蛋是蛋白熟、蛋黃為半流體狀。但每次想要自己做溫泉蛋，網路上卻有各式各樣且步驟繁複的方法，如何運用科學原理輕鬆做出到位的溫泉蛋啊？

☑ 傳統作法

將冰箱中的雞蛋取出退冰或用室溫蛋洗淨後，放入裝滾水的保溫瓶中，蓋緊瓶蓋約25～30分鐘。

缺點
放在保溫瓶中保溫，不容易掌握溫度及水量，結果不是太生就是太熟。

料理食驗室

外嫩內軟的溫泉蛋

❶ 比起傳統作法，成功率較高。

❷ 較能掌握蛋白與蛋黃凝固的溫度，即使第一次做也不難。

破解作法

材料：雞蛋2顆。

作法：

1. 取一只大碗，注入5碗滾水，1碗水約200cc，共1000cc。

   Tips 若蛋粒較大顆或週遭溫度太低時，滾水量可添加多一點。

2. 再放入2顆洗淨的室溫蛋，水量一定要蓋過整顆蛋。

   Tips 若蛋是從冰箱取出，要退冰1小時。

3. 加蓋浸泡約30分鐘，打破蛋殼後，即可享用好吃的溫泉蛋。

好吃訣竅

蛋放在滾水中，30分鐘後水溫降、蛋黃開始凝固

2顆蛋放置在100℃滾水中。30分鐘後，水溫會慢慢下降至75℃左右，此時蛋黃會開始凝固，但蛋白受熱溫度不足，僅稍微黏稠，形成溫泉蛋。

老師說：蛋黃於65～70℃開始漸漸凝固；大部分蛋白於80℃開始漸漸凝固。

課程 06

爆香炒出滑嫩「番茄炒蛋」

番茄炒蛋是很簡單的家常料理，不加糖與醋卻有酸甜味，加上蛋香，成就了這道可下飯而永遠吃不膩的佳餚，但要炒得好吃滑嫩並不容易。

☑ 傳統作法

將切塊的番茄及打散的雞蛋分開炒熟，再將炒熟的番茄、雞蛋一起倒入鍋中拌炒。

缺點
蛋不是炒得太老，就是太稀，少了蛋的滑嫩感。

料理食驗室

酸甜適中的番茄炒蛋

破解作法

材料：黑柿番茄（或牛番茄）2顆，雞蛋3顆，青蔥末少許，糖、鹽、番茄
醬適量。

作法：
1. 熱油鍋，倒入番茄塊，炒軟。
2. 加入糖、鹽、番茄醬。
3. 再加入打好的蛋液，慢慢以鏟翻炒，尚未凝固前，撒上青蔥，隨即起鍋。

好吃訣竅

1. 番茄高溫爆炒

熱油鍋，倒入番茄塊高溫爆炒，番茄
塊表面會產生爆香反應，番茄汁會帶
有梅納反應的爆香味。

2. 起鍋前加入青蔥

番茄炒蛋起鍋前加入青蔥，即可嘗到
剛殺青的美味青蔥。

梅納香氣
高溫

蔥　殺青

 另一創新作法

蛋打散後，加入牛奶、奶油。加牛奶，蛋液容易成形，雞蛋不易太老或太
稀糊。加入奶油，口感很滑嫩。

Tips 牛奶及奶油適量即可，以免影響風味。

2分鐘微波煮出「滑嫩蒸蛋」

　　蒸蛋是常見的家常菜，只要將蛋打散，加水後放進煮鍋或電鍋中蒸，熟了就可享用滑溜的美食，不過蛋與水的比例掌控不好時，很難料理出有如豆花般的滑嫩蒸蛋。

☑ 傳統作法

將雞蛋打散，加入適當比例的水，然後放入煮鍋（或電鍋）中，蒸個10分鐘左右。

缺點

1. 蛋、水的比例掌控不易，失敗率高。
2. 蒸蛋時間若掌控得不夠準確，可能沒煮熟，也可能煮太硬。
3. 火力太大時，蒸蛋表面易凹凸不平，且多氣泡，影響口感。

滑溜的微波蒸蛋

一般蒸蛋不是用煮鍋，就是用電鍋，比較費
時，改用微波爐，省時省工，還可吃到柔嫩
口感。

加了梅納香醇高湯的蒸
蛋，比用一般水煮成的
蒸蛋，香氣足且更好吃。

勝

破解作法

材料：1顆雞蛋，雞架骨高湯150cc，鹽、油
適量。

老師說：雞架骨是去掉雞
的皮、腿、胸脯肉、頭、脖
子、翅膀、內臟等剩下的部
分，差不多都是骨頭。

作法：

1. 1顆雞蛋打在碗裡，用筷子打散。
2. 加入適量鹽與油，再用筷子攪拌均勻。
3. 150cc的90℃熱雞架骨高湯，邊倒入要邊攪拌。
4. 放入微波爐中，開中火加熱1分鐘後，用筷子往中心搓一下，若還有蛋
   液未煮熟，再移入微波爐中加熱約1分鐘，即能嘗到柔嫩滑口的蒸蛋。

55

好吃訣竅

1. 雞架骨用熱油爆香

雞架骨用熱油爆香後，即可加水燉出
梅納香醇的雞高湯。

熱油爆香雞架骨

水

2. 蛋與高湯的比是1：3

蒸蛋是採1：3比例來做，用1顆蛋，
注入3顆蛋比例的高湯，蒸出來的蛋
會很滑嫩。

1 ： 3

蛋汁　　水（高湯）

課程 08

如何炒出鮮紫不黑
「茄子料理」

　　到餐廳用餐，常看到茄子是呈現鮮亮的紫色，可是回家自己料理時，顏色卻變得暗淡，如何才能炒出不黑又鮮紫的茄子呢？

☑ 傳統作法

切成2公分條狀或滾刀塊的茄子，加點蔥、蒜，直接放入高溫炒鍋內爆香燜熟或用大火蒸熟。

缺點
茄子表面在接觸空氣時會出現氧化，讓顏色不漂亮。

料理食驗室

鮮紫色的茄料理

此作法可以保持茄子原有的漂亮色彩，色澤感取勝。

勝

破解作法

材料：茄子半斤，蔥、蒜適量，油300cc，鹽適量。

作法：

1. 茄子切成2公分條狀或滾刀塊。

2. 燒燙一鍋高溫油，分兩次將茄子完全壓入油鍋內數秒。

   Tips 避免茄子接觸空氣，以維持鮮艷紫色。

3. 撈出油鍋中的茄子，接著加蔥、蒜爆香燜熟（或大火蒸熟）。

   Tips 經過步驟2後，無論用哪一種方法烹調，都可保持茄子的鮮艷紫色。

好吃訣竅

高溫熱油將茄子殺青

一般青菜以沸水殺青即可保持翠綠顏色，可是用沸水殺青茄子，反而會使茄子快速氧化變色，無法保持鮮豔顏色，需用更高溫的油將茄子瞬間殺青，使酵素失去活性，保持食材顏色。

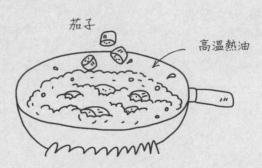

茄子　　　　　　　高溫熱油

3分鐘快速煮熟「白玉米」

玉米又稱包穀，可幫助腸蠕動，減少宿便，是許多減重族的最愛，但要煮熟玉米好像要花費不少時間，如何用最簡便的方法吃到好吃玉米呢？

玉米品種分為甜玉米、白玉米、糯米玉米，甜玉米口感較軟，容易咀嚼，含糖量較高，約4～6%。白玉米口感較硬，有嚼勁，含糖量較低，約1～2%。糯米玉米的澱粉含量稍高，而白玉米的熱量較低，只是用大火煮熟白玉米，會花費15分鐘以上，對懶得等待的人來說，料理時間太長了一點。

✔ 傳統作法

白玉米洗淨後，煮一鍋水，水煮滾後將白玉米放入鍋中煮到熟。

缺點

1. 用滾水煮玉米，耗費的時間較長。
2. 滾水煮熟的白玉米，通常會放在水裡等放涼一段時間後再取用，浸泡過久的玉米會變爛，口感不好。

3分鐘白玉米上桌

> 微波爐大火加熱3分鐘，即可吃到熟度剛好的玉米。省時、省能源。

勝

破解作法

材料：白玉米2根（含玉米葉鞘）。

作法：

1. 白玉米清洗後，以微波爐大火加熱3分鐘。
2. 稍微放涼後，就可以吃到飽滿全熟的白玉米了。

好吃訣竅

玉米快速加熱的口感較Q

微波爐加熱玉米因是採快速加熱，故可吃到表面殺青較Q的口感。

 玉米含有優質的抗老成分？

德國著名營養學家拉赫曼教授指出，當今被證實最有效的50多種營養保健物質中，玉米含有鈣、穀胱甘肽、維生素C、鎂、硒、維生素E、脂肪酸7種抗自由基成分，適量食用，有益身體健康。

而台灣台南農業改良育成的「台南22號」玉米品種，俗稱「台南白」，外型美觀、皮薄、風味獨特，很受一般消費者喜愛。

59

課程 10

加鹽炒出翠綠「蛤蜊絲瓜」

絲瓜鮮甜味美，與蛤蜊一起拌炒，可炒出絲瓜的甜與蛤蜊的鮮，是一道簡單易作的國民美食。雖簡單，但要煮出瓜嫩汁鮮的美味，需要費點心思了解絲瓜及蛤蜊的熟成溫度。

☑ 傳統作法

絲瓜削皮切長條後，倒入熱油鍋，爆炒出汁後，加入蛤蜊，繼續炒到蛤蜊開口，加上少許鹽即盛盤熄火。

缺點

1. 有些品種的絲瓜容易炒爛變黑，顏色變得不好看。
2. 蛤蜊容易炒得過熟，肉質縮小、變硬。

料理食驗室

鮮美十足的蛤蜊絲瓜

絲瓜鮮甜，蛤蜊肉質肥嫩，湯汁濃郁，鮮味十足。

勝

破解作法

材料：絲瓜1條，蛤蜊100公克，蔥段、薑絲、太白粉水、香油、鹽適量。

作法：

1. 絲瓜清洗、去皮、去頭尾，切除絲瓜籽，絲瓜切成小條狀即可。
2. 絲瓜可先汆燙殺青，再替絲瓜沖涼。

   Tips 可減少持續高溫的氧化與熟成，絲瓜會更翠綠。

3. 蔥段、薑絲加入油鍋爆香，倒入絲瓜，加點鹽，炒至熟且出汁。
4. 加些鹽，倒入蛤蜊。
5. 蛤蜊開殼後，加入適量太白粉水勾芡，再加入適量薑絲、蔥、香油，簡單拌一下，就可起鍋盛盤。

   Tips 炒絲瓜時，不要炒到很爛，以免絲瓜失去脆度。

好吃訣竅

1. 加鹽產生殺青作用

放入絲瓜爆炒時，隨即加一點點鹽，絲瓜因有鹽產生殺青作用，顏色會較為翠綠。

鹽

殺青

2. 加鹽可減少蛤蜊收縮情形

先加鹽再加蛤蜊的工法，目的是水中鹽濃度與蛤蜊內含物相當，會產生等滲透壓，蛤蜊較不會縮小，如果蛤蜊先蒸半熟再煮，也可減少加熱導致收縮現象。

後放蛤蜊　　　先加鹽

微苦、脆口「苦瓜炒鹹蛋」

許多年輕人不喜歡吃帶有苦味的菜，餐廳老闆為了迎合年輕族群的口味，在作法上做了調整，導致苦味消失，但也少了原有的風味。

☑ 傳統作法

將苦瓜切成薄片，放入滾水中煮去苦味；或是為了提升苦瓜的脆嫩，將切薄片的苦瓜放入滾水中煮一下，再放入冷水中快速冷卻。

缺點

在滾水中煮去苦味的苦瓜，使鹹蛋苦瓜的微苦風味完全消失，少了原本應有的滋味。

料理食驗室

微苦的苦瓜炒鹹蛋

苦瓜切片先燙好可以省去拌炒的時間外，也可以去除一些苦味。

勝

破解作法

材料： 苦瓜1根，鹹蛋2個，鹽適量，蒜末、蔥白段、蔥綠適量，米酒少量。

作法：

1. 苦瓜洗淨對切，用湯匙去掉中間的籽（怕苦可挖乾淨一點）後切片。

   Tips 苦瓜若切太厚，會不易跟鹹蛋黃炒均勻。

2. 苦瓜用熱鹽水汆燙一下，然後在冷水中快速冷卻、瀝乾。

   Tips 不要過度汆燙，以免完全無苦味。

3. 鹹蛋的蛋白、蛋黃分別搗碎，放在一旁備用。搗碎的鹹蛋白正好提供適當的鹹味。

4. 熱油鍋，放入搗碎的鹹蛋黃，用文火加熱以免蛋黃燒焦。

5. 當鹹蛋黃開始冒泡泡時，加蒜末、蔥白段一起爆香。

6. 再加入瀝乾的苦瓜、搗碎的蛋白，轉大火，略收汁至黏稠狀。

7. 起鍋前可以放一些米酒增加香味，加入蔥綠拌炒。

   Tips 苦瓜炒的時間不宜太久，以免苦瓜變黃。

好吃訣竅

1. 熱鹽水汆燙殺青

切片苦瓜用熱鹽水汆燙一下，然後在冷水中快速冷卻，口感較脆，此為苦瓜片殺青。

鹽水汆燙

2. 蛋黃加熱產生梅納反應

搗碎的鹹蛋黃，文火加熱至冒泡泡，所產生的香味，即為梅納反應。

鹹蛋黃冒泡

文火

炒出軟嫩熟成「豆干炒肉絲」

到快炒店點了豆干炒豬肉絲，入口後覺得太硬，店老闆一開始是說新進廚師處理肉絲時勾芡太少，所以變硬，經短暫溝通後老闆才說出真正原因⋯⋯

☑ 傳統作法

為了達到快速出菜率，有些人會先將大量豬肉絲勾芡後炒熟，盛放擺在一旁，當客人點豆干炒豬肉絲時，炒熟的豬肉絲已經變冷、變硬，再將冷硬豬肉絲放入鍋中與豆干拌炒。

缺點

1. 炒熟的豬肉絲放涼後，肉已變冷變硬，再與豆干拌炒，當然吃不到肉絲的軟嫩鮮美。
2. 肉絲直接炒熟，肉類的蛋白質會變硬。
3. 肉絲沒爆香，會減少肉香味；豆干沒有爆香，減少豆香味。

鮮嫩的豆干炒肉絲

肉絲炒半熟後，撈起放在碗中5分鐘，續炒至熟，口感鮮嫩好吃。

勝

破解作法

材料： 新鮮豬肉200公克，豆干100公克，太白粉5公克，油及醬油、鹽適量。

作法：

1. 新鮮豬肉絲加醬油醃3分鐘後，加適量太白粉，再加一點油攪拌醃後，過溫油一下，迅速將半熟的豬肉絲撈起。
2. 接著置於碗中5～10分鐘，並利用餘溫快速熟成，使豬肉絲變軟。
3. 熱鍋中多放點油，加入切絲豆干，高溫150℃拌炒至表面產生梅納香氣。
4. 最後再拌入半熟豬肉絲及一點鹽，續將豬肉絲炒熟。

好吃訣竅

1. 肉炒半熟後撈起

肉絲炒至半熟後撈起放5分鐘的目的，是讓肉絲中心達到約50℃，因快速熟成而變得較軟。

2. 炒至收汁且油溫達150℃

最後肉絲炒熟階段，爐火夠旺可炒至收汁，若此時鍋中仍有炒菜的油汁包覆豆干豬肉絲時，高油溫可達150℃，會產生燙口佳味。

老師說：若爐火不夠旺，起鍋前仍有水性湯汁時，整盤菜不會太燙，約在100℃，一樣有不錯的口感。

課程 13

「炒豬肝」粉嫩鮮味的訣竅

華人認為豬肝補血，喜歡煮碗豬肝湯或炒豬肝來吃，尤其女性生理期過後、產婦補身或術後開刀患者，常會食用豬肝料理以補充流失的鐵質，只是煮出粉嫩豬肝湯不容易，一不小心就會煮老變硬了，我常戲謔煮硬的豬肝是「肝硬化」，學生一聽就哈哈大笑。

☑ 傳統作法

先爆香蒜、蔥末，加入豬肝、米酒、醬油，快炒幾秒，淋太白粉水勾芡，加少許鹽即盛盤。

缺點

1. 不易掌控火候，常炒出太生、太硬的豬肝。
2. 太生沒有全熟的豬肝，無法消滅在豬肝裡的寄生蟲或細菌，有食安健康疑慮。
3. 太熟的豬肝，口感硬，常會食不下嚥。

【料理食驗室】

味鮮不腥的炒豬肝

炒豬肝味鮮，豬肝肉質嫩而不軟爛，還能兼顧食的安全。

勝

破解作法

材料：豬肝片200克，蒜頭3粒，青蔥1根，嫩薑1段，米酒1匙，醬油1.5匙，油適量，鹽少許，太白粉勾芡水。

作法：

1. 蔥去頭尾、洗淨，分開切成蔥白段及蔥綠末、蒜頭去皮切末、嫩薑洗淨切絲。
2. 豬肝片汆燙數秒撈起，並放在碗中靜置5分鐘，使豬肝內部軟化。
3. 鍋熱油，放入蔥白段、蒜末、薑絲小火爆香，倒入豬肝片、米酒、醬油、鹽爆炒數秒，淋上太白粉勾芡水。
4. 起鍋前，灑上蔥綠末，即可盛盤。

好吃訣竅

豬肝燙好放碗中熟成

水煮開，倒入豬肝片汆燙數秒撈起，放在碗中5分鐘，可使表面殺青、內部熟成，能讓豬肝中心溫度剛好有一段時間會落在快速熟成的範圍，活化酵素的結果，會使豬肝變嫩；請留意，豬肝快速熟成只要5分鐘，以免過軟。

汆燙撈起

靜置5分鐘

老師說：豬肝切厚些，口感較好；豬肝切得很薄，不用汆燙，但需以大火爆炒，在蛋白質尚未變硬前立即享用，一樣可吃到軟嫩的豬肝薄片。

滷出少腥味「肥嫩大腸」

滷大腸是台灣小吃,但自己滷時,常遇到大腸收縮變皺,且腥味久久不散的問題,要如何處理大腸,才能減少大腸變皺及腥味?

☑ 傳統作法

大腸用水洗淨後,用麵粉或鹽搓揉,再用清水洗淨,且要重複洗2～3次,直到腸子不會黏滑後,放入滷鍋中滷入味。

缺點
1. 大腸容易會有臭味。
2. 滷出來的大腸容易收縮。

料理食驗室

無腥味、好吃的滷大腸

破解作法

材料：大腸整付，白醋、麵粉適量，薑片5片，八角2～3瓣，醬油適量，
　　　鹽、糖少許，米酒、油適量。

作法：

1. 大腸用白醋、麵粉搓揉，再用水清洗乾淨，直至腸子不會黏滑為止。

2. 將洗淨的大腸放入約50℃溫鹽水中，鹽的比例為水量的1%，浸泡20分
   鐘，再用手搓揉數下，將臭味搓揉出來，並倒掉微臭的溫鹽水。

3. 再次將大腸放入大約50℃溫鹽水中，浸泡20分鐘後，再用手搓揉數
   下，將臭味搓揉出來，並倒掉微臭的溫鹽水。

4. 取一只炒鍋，放入八角與鹽，用小火炒香，撈起。

   Tips 八角先用乾鍋以小火炒香，再放入滷鍋中滷，可提升滷大腸的香氣。

5. 將油倒入炒鍋，加入薑片爆香，注入八分滿的冷水，加入大腸、八角、
   醬油、鹽、糖，煮滾後轉成小火滷約1小時。

6. 直至煮到大腸可用筷子穿透程度，起鍋前，淋上米酒拌勻，即是少皺香
   郁好吃的滷大腸。

破解作法可減少臭腥
味，避免太爛，QQ有
嚼勁且入味好吃。

勝

1. 大腸放溫鹽水浸泡，快速熟成

兩度將大腸放入大約50℃溫鹽水中浸泡20分鐘，此為快速熟成作法，可使大腸口感嫩，且減少小火燉滷時的收縮變皺。

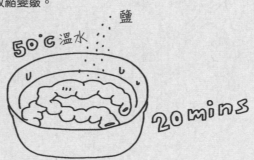

2. 與等滲透壓原理有關

大腸含有鮮味礦物質，比例約1%，而溫鹽水中的含鹽量亦為1%，由於等滲透壓，鮮味不易由大腸溶入溫鹽水中，但溫鹽水可去除大腸的部分臭味。

> 老師說：新鮮大腸的收縮狀況會比冷凍大腸少，宜選購新鮮大腸。

3. 清水、醬油比例約4：1

滷水不可過鹹，清水、醬油比例大約是4：1。

課程 15

少鹽多鮮「鹽漬小管」

鹽漬生鮮小管是許多老一輩人懷念的滋味，在傳統市場或超市仍有販售，但烹調方式不當，容易偏鹹，對健康不是很好。

討海或海邊人家善於用鹽漬處理蚵仔、小蝦、小魚、小卷、貝類等海鮮，這類醃漬海鮮外相不佳，黑黑舊舊的，像已腐，吃在嘴裡，其鹹無比！其實鹽漬生鮮海鮮，台語發音為「géi」，如蚵仔géi，這些人間美味過去是配稀飯的珍品，有些人每餐非吃不可，就像泡菜之於韓國人。

✔ 傳統作法

料理鹽漬小管前，會先浸泡清水數次，以去除過鹹的口味。

缺點

浸泡清水數次後，小管的鮮味流失許多，少了原有的鮮美味。

鮮味十足的鹽漬小管

可以去除過量的鹹味，同時可降低小管鮮味的流失。

勝

破解作法

A. 蔥蒜鹽漬小管

材料：鹽漬小管200公克，青蔥、辣椒、蒜頭、油適量。

作法：

1. 將鹽漬小管浸泡在2%的鹽水中。
2. 青蔥洗淨切段、辣椒洗淨切片、蒜頭洗淨切碎，備用。
3. 辣椒、蒜頭先用一點油爆香，再將泡過的小管放入炒熟，最後下青蔥拌炒一下。

好吃訣竅

1. 與等滲透壓原理有關

利用等滲透壓減少鮮味的流失。小管的鮮味濃度大約為2%，鹽水濃度大約為2%，可稱為等滲透壓。

2. 高溫爆炒產生梅納香味

辣椒、蒜頭、小管在油鍋中高溫爆炒，即會產生梅納香醇味。

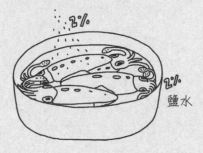

鹽水

梅納香氣

蔥

3. 加入青蔥可嘗到殺青美味

起鍋前加入青蔥，可嘗到剛殺青的美味青蔥。

B. 鹽漬小管炒飯

材料：鹽漬小管200公克，白飯3碗，青蔥、辣椒、蒜頭、油適量。

作法：

1. 鹽漬小管切成丁塊，將鹽漬小管浸泡在2%的鹽水中。
2. 炒鍋熱油，倒入小管爆香，再加入米飯拌炒，香氣出來後即可盛盤。

好吃訣竅

1. 小管浸泡鹽水

切丁後，將鹽漬小管浸泡於2%的鹽水中，可保留鹽漬小管中的鮮味，減少油騷味。

2. 熱油爆香產生梅納香味

切丁小管置於熱油鍋爆香，即會產生梅納的香醇味。

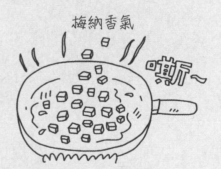

3. 加入青蔥可嚐到殺青美味

加入米飯拌炒，起鍋前加入青蔥，可嚐到剛殺青的美味青蔥。

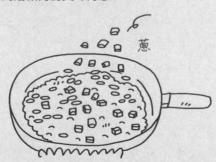

老師說：挑選鹽漬小管時，要注意是否有臭味，避免買到腐敗的小管。

「白斬雞」鮮嫩不柴的祕密

白斬雞（白切雞）是最常見的雞料理，無論是大宴小酌，都可以見到這道實惠的國民料理。

台灣名為白斬雞，福建稱為文昌雞，新加坡則名為海南島式煮雞。全雞宰殺後，放入滾熱燙水浸熟或蒸熟而成，過程中不加入香料，或用很少的調味料烹調，盡量顯露雞隻的自然鮮味。白斬雞以皮滑、肉嫩、味鮮為佳，食用時，通常會沾上雞油製成的薑蓉，以增加風味。只是滾燙或蒸煮時間未能拿捏妥當，肉質太硬，常會失去鮮美口感。

☑ 傳統作法

白切雞放入開水中，待水滾沸後立即關掉爐火，利用熱水將雞浸熟，然後澆上冷水讓雞皮更脆口，好處是不會過熟，肉質鮮嫩。

缺點

可能未完全熟透，且雞在切開後可能有血水在骨頭裡，為了健康起見，請不要食用。

不柴又不帶血的白斬雞

利用A、B的煮法，可以吃到不同鮮味的白斬雞。

利用快速成熟工法煮出來的白斬雞，肉質熟透、軟嫩，而且骨頭不會有生血。

勝

破解作法

材料：全雞1隻，老薑1塊，青蔥數根，鹽適量。

作法：

1. 全雞買回來後，用薑沾鹽，抹遍雞的全身。

   Tips 鹽抹遍雞全身，待鹽滲入雞肉後會使肉的組織變強些，烹煮時保汁性較強，煮熟的肉會比較嫩。

2. 用刀背拍破蔥白，青蔥與薑塞入雞肚內。

3. 整隻雞裝入PE塑膠袋，放入冰箱冷藏一天。

4. 接著，你可用好吃訣竅A或B的方式來烹煮。

> 老師說：沾著薑蓉一起食用，風味更為獨特。
>
> ※薑蓉作法
> 先將薑、蔥洗淨後切細，盛入小碗中，加些海鹽，再將高溫熱油直接倒入碗中，即成了香氣十足的薑蓉。

好吃訣竅A

雞入滾水氽燙3次

全雞入鍋中滾水氽燙時，以直立方式浸入鍋中，至雞全身沒入滾水中大約1分鐘，提起、暫停約3分鐘，水滾後再浸入。重複此一快速熟成動作，大約3次，然後再將雞煮熟。

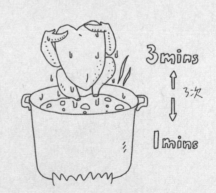

3mins

3次

1mins

好吃訣竅B

雞入50℃溫水中25分鐘

全雞放入約50℃的溫水（比洗澡水稍燙）鍋中約25分鐘，是快速熟成工法，然後再將雞煮熟。

50℃　25mins

如何燉出一鍋「嫩土雞湯」

　　每年進入秋冬，是國人進補最佳時節，令人回味無窮的是咬感十足、肉嫩的土雞湯，只是烹煮土雞湯和肉雞湯不同，如果掌握不到訣竅，會吃不出土雞湯的綿密口感。

☑ 傳統作法

以滾水汆燙土雞，去掉表面血水後，換水用大火煮滾，再改用小火燉90分鐘左右，直到土雞肉變軟。

缺點

傳統作法小火燉90分鐘左右，100℃的溫度會使肉中酵素失去活性，而肉質遇熱變硬後，一般是拉長燉煮時間讓肉變軟。

料理食驗室

鮮嫩的土雞肉與清湯

烹煮土雞與一般肉雞不同，請按照以下步驟烹調。

破解作法

材料：土雞1/2隻。

作法：

1. 土雞切塊。
2. 滾水汆燙土雞塊，去掉表面血水。
3. 換冷水煮至約50℃（洗澡水的熱度）熄火後，蓋上鍋蓋，讓土雞燜約20分鐘。
4. 接著以大火煮滾至熟透，總共只需45分鐘，即可品嘗到鮮嫩的土雞肉與清湯。

> 多利用肉中原有的酵素達到省時、省能源的工法，一樣可以品嘗到鮮嫩有口感的土雞肉。

勝

好吃訣竅

雞在50℃熱源中快速熟成

汆燙後，讓土雞燜在約50℃的熱源中，快速熟成約20分鐘，是土雞肉鮮嫩的祕訣。

快速熟成
50℃ 20mins

> 老師說：要吃到肉鮮湯濃的土雞湯，切記要「慢工出細活，欲速則不達」，不能用大火猛煮，要搭配快速熟成工法，利用肉中原有酵素活化蛋白質，才能煮出一鍋美味的燉土雞湯。

課程 18

散發爆香古早味「炒米粉」

吃膩了米飯配菜，偶爾會想變化口味，很多人的首選是來一盤炒米粉，稍稍改變1、2個步驟，就不會吃到過硬或過爛的米粉，還能吃出混合各種食材香味，有多層次口感的炒米粉。

☑ 傳統作法

將米粉浸水泡軟，等到高溫多油快炒備料後，再放進鍋裡與其他菜料一起拌勻。

缺點

1. 米粉沒用滾水燙過及燜過，口感不易滑潤、Q彈。
2. 炒備料的油太多，不容易將米粉炒到適宜的乾度。

料理食驗室

多層次口感的炒米粉

破解作法

材料：乾米粉300公克，五花肉100公克，乾香菇3朵，木耳50公克，高麗
菜50公克，紅蘿蔔50公克，鹽1/2茶匙，油1茶匙，高湯500cc，蒜
末、醬油適量。

作法：

1. 滾水中加入1/2茶匙鹽與1茶匙油，乾米粉加入滾水中煮30秒，用濾網勺
   撈起瀝乾。

   Tips　滾水中加1茶匙油，可減少米粉沾黏；加一點鹽可避免米粉糊化。

2. 接著放入容器內，用剪刀剪成適當長度，蓋上蓋子讓米粉燜約5分鐘。

3. 香菇浸泡冷水，泡軟後擠乾、切絲；五花肉切成細條狀；木耳、高麗
   菜、紅蘿蔔洗淨後切成細絲。

4. 五花肉放入乾鍋中，以小火煸出豬油至焦香後，香菇絲放入，炒至香味
   溢出，然後加入蒜末爆香，再由鍋邊加入醬油爆香。

   Tips　少量油，米粉容易炒至適當乾度及入味。

5. 倒入高湯，煮滾後放入木耳絲、高麗菜絲、紅蘿蔔絲，待蔬菜煮軟後，
   拌入燜好的米粉炒勻收汁，即可盛盤。

❶ 米粉夠 Q 順嘴爽口。
❷ 用五花肉煸出豬油，
   油少，米粉容易炒成
   適當乾度，比較不會
   糊化。

勝

好吃訣竅

1. 炸豬油的梅納香氣十足

炒米粉可於盛盤前，加些油炸豬油或香油，其經過高溫爆香產生梅納反應，可提升香氣及增加色澤亮度、滑潤口感。

炸豬油　　　　　　　　　梅納香氣

2. 醬油爆香是梅納反應

醬油由熱鍋邊加入，為爆香和梅納反應。

爆香　　　梅納香氣

老師說：若是用純米製作的乾細米粉，不需先用滾水煮30秒，只要在冷水裡泡一會兒，就可以直接炒。

課程 19

燒出皮Q肉軟「紅燒肉」

　油亮亮帶有焦糖色的紅燒肉，是許多人喜愛的家常菜，紅燒肉的作法很多元，看似大同小異，但細究起來，工法不同，燒出來的味道大不相同。

☑ 傳統作法

將溫體五花肉切小塊，倒入熱油鍋中，加上糖、醬油、蔥薑等辛香料，直接拌炒至收汁，再加上水燉煮至熟。

缺點

1. 豬皮容易軟爛，少了Q彈口感。
2. 缺了爆香的梅納香氣。

香味四溢的紅燒肉

想煮出皮Q肉軟的紅燒肉不難,只要多幾個簡單步驟,就能煮出色澤漂亮、焦糖香的美味料理。

破解作法

材料:五花肉1條(約600公克),蒜瓣3顆,蔥白2支,冰糖1/2茶匙,紹興酒2大匙,鹽少許,醬油、油適量。

作法:

1. 一大塊五花肉浸泡在1%微鹹鹽水中約1小時。

   Tips 可達到去腥味、提升五花肉的保汁性。

2. 五花肉用紙巾吸水擦乾後,將豬皮在熱鍋中乾煸10～20秒,沖冷水。

3. 將乾煸肉塊切成小塊。

4. 鍋中加少許油,放入肉塊、冰糖,以中火慢慢加熱。

5. 待冰糖產生焦糖香,五花肉塊上色,會有肉香味,色澤會漂亮。

   Tips 放入冰糖爆香、上色時,不要馬上加水,才可藉著鍋裡的高溫,達到增香、增色的功效。

6. 此時加入紹興酒、蔥白、大蒜,再淋上醬油爆香,翻炒均勻。

7. 拌炒時會有醬油及紹興酒的混合香氣散出,此時加入適量的水,約肉塊一半高度。

   Tips 醬油於高溫油浴中,才會產生爆香味,太早加水,其溫度會降低。

8. 大火煮滾後,轉小火煮約1小時,燜煮過程中要適時地翻攪,避免肉塊沾鍋。

9. 待肉塊變軟,收汁後,即可享用香味四溢的紅燒肉。

燒出來的紅燒肉,豬皮Q彈,酒香濃厚,肉質軟滑。

好吃訣竅

1. 乾煸及沖冷水來進行殺青

肉用紙巾吸水擦乾,將豬皮在熱鍋中
乾煸10～20秒及沖冷水等的目的是
進行殺青。

2. 用冰糖產生焦糖上色

用冰糖產生焦糖上色工法,使肉塊色
澤亮麗。

冰糖

焦糖色

3. 以中火加熱進行快速熟成

肉塊加入冰糖與油後,以中火慢慢加
熱的用意是進行快速熟成。

中火

老師說:收汁是烹煮紅燒肉不可少的工法之一,不要收太乾,以免口感太過
乾澀,留點濃郁湯汁,可增加肉塊的滑嫩感。

滿嘴紮實滑嫩「蒜味肉羹」

最負盛名的蒜味肉羹來自宜蘭，勾芡湯汁搭配肉條的紮實感，讓人有暖呼呼的飽足感。只是自己煮肉條時，常會煮出較硬的肉質，如何才能煮出紮實滑嫩的蒜味肉羹？

☑ 傳統作法

將里肌肉切成條狀，加入調味料拌勻後，直接放入滾水中煮至熟。

缺點

直接煮熟的肉羹會太硬，吃不到Q嫩肉質。

料理食驗室

蒜香Q嫩的肉羹

以破解作法製作出的肉羹口感不老、Q軟，滿滿蒜香氣，充斥其中。

勝

破解作法

材料：新鮮豬里肌100公克，太白粉4大匙，蒜頭3粒，高湯250cc。
調味料：醬油2小匙，胡椒粉少許，香油1小匙，鹽1小匙。

作法：

1. 新鮮豬肉切成小拇指的大小，加入調味料醃約30分鐘入味；蒜頭剝外皮，切碎。
2. 豬肉條裹上一層薄薄的太白粉，靜置碗中。
3. 用燒滾的水汆燙肉條，讓裹上肉條表面的太白粉定形。
4. 加入等量的冷水，讓肉條浸泡在約50℃的水中，轉小火保溫。
5. 20分鐘後將肉條放入200cc滾水中煮熟。
6. 再注入高湯、蒜末，加一點鹽、胡椒、香油調味再煮滾，用太白粉勾芡後，即可吃到Q嫩的蒜味肉羹。

好吃訣竅

1. 肉裹太白粉避免肉汁流失

豬肉條表面裹上薄薄的太白粉，會形成保護膜，避免過多肉汁進入湯裡，提高豬肉的滑嫩感。

2. 肉表面殺青再快速熟成

用滾水將肉條表面汆燙殺青，再用50℃溫水浸泡以進行快速熟成，保持肉的鮮嫩度。

豬肉

太白粉

100℃

20mins
50℃

高溫炸出酥脆「傳統雞捲」

雞捲是傳統庶民小吃，至今仍深受歡迎，但要如何自己在家運用科學原理，做出原有的古早風味呢？

雞捲，類似雞脖子的長條捲狀食物，台語發音「雞管」。其實，雞捲跟雞完全沾不上邊；早年的居民生活困苦，會將吃剩的豬肉、蔬菜等多餘食材「廢物利用」的菜餚。「雞」這個字，是閩南話中多餘、剩的諧音，「雞捲」這兩字，是多餘材料捲出來的意思，沒有料到，多年之後竟變成深受大家喜愛的小吃。

☑ 傳統作法

將家中吃剩下的菜餚，像豬肉、蔬菜等，用豆腐皮裹捲後再下鍋油炸。

缺點

1. 在家將剩菜加熱後，常會吃到油騷味，這是剩菜中煮熟的肉與空氣接觸過久，緩慢復熱時所產生的油騷味，口感不好。
2. 油溫不夠，炸出來的雞捲會有油膩感。

少油膩、香氣足的雞捲

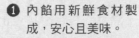

① 內餡用新鮮食材製成，安心且美味。
② 改變慢速加熱作法，採用直接高溫逼油作法，少油膩、不會有油騷味。

破解作法

外皮材料：豆腐皮數張，太白粉適量，麵粉50公克。

內餡材料：里肌肉100公克，魚漿200公克，洋蔥1顆，芹菜50公克。

調料料：糖1茶匙，黑胡椒1茶匙，胡椒粉適量，醬油2茶匙，米酒1茶匙，太白粉適量。

作法：

1. 里肌肉切成細條狀，拌入調味料醃10分鐘，備用。
2. 洋蔥洗淨切丁、芹菜洗淨切碎末，與醃過的肉條、魚漿放入大碗內拌勻。
3. 豆腐皮的一端放上餡料，捲成長筒狀，收口處沾些麵粉糊黏好。
4. 炒鍋熱油至150℃，油炸約5分鐘，炸至表面呈金黃色，撈起瀝油即可。

好吃訣竅

高溫逼油可使表面酥脆

採取高溫逼油工法，可使雞捲表面酥脆，即為好吃梅納香醇味，且不油膩，沒有油騷味，內餡香軟。

老師說：油炸雞捲一定要用150℃以上的高溫，才不會油膩。

煮出豬皮不糊爛的「白切肉」

看起來愈簡單的料理要做得好吃，其實不容易，但只要掌握住關鍵工法，一道平凡無奇的白切肉，也能很美味。

☑ 傳統作法

蒜頭去皮剁碎，放入醬油。準備一鍋水，水量剛好可以蓋過整塊肉，放入三層肉蓋上蓋子煮至水滾。用筷子戳進肉裡檢查是否熟了，直到沒有泛出血水即表示已熟。將肉取出放在盤中，稍涼後切片淋上蒜泥醬油。

缺點

1. 醬油常會太鹹。
2. 肉由冷水煮起，表面肉質不夠Q。
3. 由冷水煮至滾透，肉中心沒有快速熟成，中間肉質不夠嫩。

料理食驗室

蒜白肉

❶ 三層肉表面肉質較
　　Q，豬皮不糊爛。
❷ 三層肉中間的肉質較
　　嫩，好吃易入口。
❸ 醬油膏較甘甜、不會
　　死鹹。

破解作法

材料：三層肉1斤，蒜頭4～5粒，醬油膏適
　　　量。

作法：
1. 蒜頭去皮剁碎，放入醬油膏靜置約1小時。
2. 沸水汆燙三層肉一會兒，至半熟狀態，迅速放入冰水中冰鎮約10秒。
3. 撈起置於盤中約20分鐘，再繼續以滾水煮至熟。
4. 將蒜泥醬均勻淋上煮熟且切成片的白肉上，就能吃到有蒜醬香又不油膩
　　的豬肉料理。

好吃訣竅

1. 肉放冰水進行冰鎮

肉加入沸水汆燙至半熟，迅速放入冰
水中冰鎮10秒進行表面殺青，表面
肉質酵素受熱失去活性；續熱時，表
皮已沒有活性酵素，會比較Q。

2. 肉撈起進行快速熟成

肉撈起置於盤中約20分鐘，目的
是快速熟成，使肉中心的酵素因為
50℃左右更活化，中間肉質較嫩。

放入冷水

撈起靜置

用科學在家自製「花生米漿」

許多人認為到傳統豆漿店喝一杯米漿，非常健康，只是有些店家老闆會使用過度烘烤的花生，讓米漿更香，顏色更深，誤讓客人覺得營養有料，然而喝到過度焦化的花生米漿，就像吃到烤焦的肉一樣，會影響健康。

☑ 傳統作法

常見作法會用焦化花生與熟飯、糖、熱開水一起用果汁機打成米漿。

缺點
花生經過烘烤後會產生梅納反應的香味，但過度烘烤會造成焦化反應產生苦澀味，且會影響健康。

料理食驗室

濃郁花生香的米漿

> 自製米漿除了選料用料讓人安心，其濃郁的花生香更讓人垂涎。

勝

破解作法

材料：花生1碗，糖適量，熟飯1碗，溫開水500～1000cc。

作法：

1. 將花生洗淨放入鍋中炒至一般熟度，但不要炒焦，備用。
2. 將所有材料放入高馬力果汁機中，用高速旋轉打1分鐘，即可輕易製作出香醇可口的米漿。

Tips 如果不是使用高馬力果汁機，會殘留花生殘渣，可用濾網濾除。

好吃訣竅

1. 花生烘烤產生梅納反應

花生經過烘烤後會產生梅納反應的香味，但避免炒到焦化，因為比起是否濃郁好喝，健康更是關鍵。

2. 加入熟飯中和苦澀味

米飯澱粉會中和焦化花生的苦澀味，添加熟飯會提高米漿的甜味。

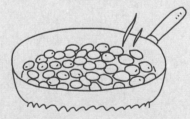

老師說：台灣氣候潮濕，花生由土中挖出後很容易長黴及產生黃麴毒素，所以選購花生時，需仔細揀選，務必挑選外觀正常、無異狀的花生，以確保食用者的健康。

飯

花生

課程 24

簡易炒出涮嘴「鹽酥花生」

花生有許多作法，油炒、水煮、蒸煮、鹽酥等，最常見的是油炸花生，雖然花生香味濃郁，但常吃會有油膩感，不妨試試鹽酥花生。

☑ 傳統作法

將花生與鹽水一起煮約30分鐘，濾掉鹽水後，再用烤箱烘烤至熟。

缺點

以此方法做出來的花生口感不佳，且花費的時間長。

料理食驗室

甘味的鹽酥花生

用破解作法做出來的鹽酥花生口感酥香，所需花費的時間不長，且不油膩，最重要的是品質能夠掌控，安心有保障。

勝

破解作法

材料：水300cc，鹽600公克，剝殼花生仁600公克。

作法：

1. 將100公克鹽及300cc水一起倒入煮鍋中，形成30%的濃鹽水。

2. 再倒入600公克的花生仁滾煮約5分鐘。

3. 撈起花生放入另一鍋中，再加500公克鹽，先炒乾後，再繼續炒至出現梅納反應的香味，直至炒乾為止。

   Tips　鹽巴乾炒時有傳熱效果，達到快速加熱花生作用，有酥香口感。

4. 散熱冷卻後，一定馬上裝瓶密封保存，才能保有花生的香酥口感。

好吃訣竅

1. 炒到花生出現梅納香味

將鹽以及濾乾的煮花生繼續炒，直至出現梅納反應，花生會更好吃而且香氣足。

2. 花生散熱以免焦化

用有洞的勺子濾掉鹽，將非常燙的花生攤開進行散熱，以免持續高溫而過度焦化，可快速吃到香酥口感。

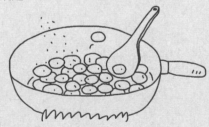

 如何吃花生才能健康？

1. 吃的時候，可將花生表面沾黏的鹽搓掉，減少吃進過多的鹽。

2. 炒過的鹽可用來燒菜。

Chapter3

用科學方法
成功做出異國美食

這世界，唯一不變的就是「變」，

人們在飲食上的改變更大，

飲食趨勢與天下局勢是一樣的；分分合合。

若不能遊走全世界，不妨藉由異國美食了解各地特點！

應用科學原理，簡單烹調美食──

利用快速熟成與爆香做出好吃的牛排、

藉由壓力鍋煮出美味的蜜紅豆、

加高湯將生米炒成美味燉飯……

對世界充滿好奇心嗎？

讓我們擷取本地食材來培養異國味蕾吧！

課程 01

煎出肉嫩多汁「**牛排**」的關鍵

一般人想煎出風味絕佳的牛排，不是件容易的事，但只要掌握關鍵工法，讓你第一次煎牛排就上手！

我的學生到頂尖牛排店點了厚切牛排，肉質柔軟、多汁，風味絕佳，原來是冷藏熟成（aged beef）處理過的牛排肉。買了幾片，想如法炮製煎給家人享用。哪知怎麼料理都不對，不是滲出血水，讓小孩不敢吃，就是煎得太硬，咬起來乾澀。問我到底要用什麼方法，才能煎出不會滲出血水，又不會太老的牛排？

✘ 失敗作法

■ 直接放入鍋中煎
整塊冷藏熟成牛排放進平底鍋煎，表面雖然熟了，冒出香氣，盛盤後，沒多久就滲出血水。切成4小塊，一樣煎好後，沒多久就滲出血水，再切成8小塊，結局一樣會滲出血水。這是煎不夠久、內部太生的失敗牛排。

■ 煎久一點
擔心煎不熟會滲出血水，就煎久一點，沒料到煎得過熟，肉質太硬，又失敗了。

料理食驗室

肉嫩多汁的厚切牛排

老師說：**翻轉牛排時，不可以用叉子**，以免肉汁由叉子孔流失，會降低美味。

破解作法

材料：厚切牛排1塊，玫瑰鹽、胡椒適量。

作法：

1. 平底鍋預熱到冒煙，將熟成處理的厚切牛排放入煎鍋。

    Tips 牛肉熟成（Beef aging）指的是一種加工處理牛肉的過程，目的是打散肌肉內的結締組織。

2. 牛排表面加熱到有爆香味時，立即移至較低溫的地方保溫20分鐘。

    Tips 靜置保溫目的是讓水分回收到牛肉細胞之間，讓牛肉多汁。

3. 20分鐘後再將保溫的牛排加熱至喜歡的熟度，再盛盤靜置2、3分鐘，不要馬上切開牛排。

    Tips 不要用刀子馬上切開，是避免內部所含的美味隨著蒸氣及肉汁溢出外表，讓牛排變乾、變澀。

4. 撒上少許的玫瑰鹽、胡椒調味。

    Tips 少許玫瑰鹽，就足夠襯托牛排本身的鮮美。

好吃訣竅

1. 牛排中間溫度在50～60℃

步驟2目的是讓牛排中間的溫度處在50～60℃間，約20分鐘，使牛排中間部位快速熟成，並提高保汁性而較嫩。

2. 牛排表面溫度超過120℃

牛排表面溫度要超過120℃，才會產生爆香（梅納反應）的香醇味。

骰子牛肉食趣

　　煎牛排煎到好吃需要花點心思，門檻比較高，我通常跟學生說，不妨從門檻較低的骰子牛肉（beef cubes）試試，提高煎牛排的信心。

　　骰子牛肉是將牛肉切成像骰子一樣大小的牛肉，最常見的料理是用火焰烹調，不過火焰溫度太高，如果快速且連續使用火焰噴燒牛排，會出現牛排中間溫度快速達到65℃，肉質過硬。建議可採用以下方式烹調，肉質會較軟。

材料：骰子牛肉200公克。

作法：

1. 將骰子牛肉放在冰箱冷凍室約30分鐘。

   作用　用火焰噴燒時，骰子牛肉中間的溫度較不會快速升溫。

2. 骰子牛肉從冷凍庫拿出來，熱鍋後將牛肉下鍋煎。

3. 當骰子牛肉表面煎至有爆香味時，暫移到鍋子較低溫處。

   作用　讓骰子牛肉中間溫度處在50～60℃，約20分鐘，肉質會比較軟嫩。

4. 20分鐘後就可食用。

美味小知識

Q1 現宰牛與冷藏熟成牛，哪種煎出來的牛排好吃？

我的答案是：冷藏熟成牛肉的肉嫩、多汁，一定勝出；現宰牛肉肉質緊繃，不適合做牛排，但鮮味濃郁，通常製成現煮牛肉湯或沾醬生吃。

冷藏熟成牛肉是把新鮮牛肉靜置在約2℃～ -1℃冷藏溫度中，儲存20天左右，牛肉含有的天然酵素會逐漸軟化內部組織，讓肉質變得更嫩，此時煎出來的牛排別具滋味。

Q2 乾式比濕式熟成牛肉好吃？

生牛肉熟成（Beef aging, aged beef）是一種加工處理生牛肉的技術，有分乾式熟成牛肉（Dry-aged beef）及濕式熟成牛肉（Wet-aged beef），原理作用相同，只是製法不同。

▍乾式熟成牛肉

製程是將新鮮生牛肉吊掛在約2℃、相對濕度50～85%的熟成室，經過幾週風乾，處理過程耗時，售價相對高昂，目前只有品質等級高的牛肉會以乾式熟成處理，也只在牛排餐廳或高檔肉品販賣店販售。

▍濕式熟成牛肉

利用真空包裝技術，將生鮮牛肉密封於塑膠袋內，在約2℃低溫運輸交通工具運送過程中，牛肉所含天然酵素會軟化肉質，使其軟嫩多汁，只因受限於真空包裝內熟成方式，不似乾式熟成在熟成室進行，會接觸到空氣中的物質快速分解蛋白質，風味更甚一層，濕式熟成牛肉因也有牛肉酵素進行軟化，風味一樣不差。

燒出滑嫩香醇
「法式奶醬蘑菇雞」

雞胸肉一不小心很容易煮得過柴乾澀，如何燒出滑嫩口感的雞胸肉料理呢？其實是有方法的。

雞胸肉因脂肪比雞腿部位為少，烹調時，會因水分流失而變得乾澀並非人人愛吃，倒是因脂肪少的關係，反而成為減肥餐不可少的食材，只是吃了幾次後，總覺得好柴，能不能換個口味？就有學生提出這個問題。我推薦的是奶醬蘑菇雞，脂肪少的雞胸肉，在奶醬蘑菇的融合下，會增添幾分滑嫩感。

✗ 失敗作法

■ 煮到雞肉全熟
新鮮雞胸肉放在熱水中，煮到雞肉全熟後才取出，結果雞肉太硬了。

■ 減少烹煮時間
怕肉太硬，煮約10分鐘就熄火取出，雞肉很嫩，但可能會有煮不熟的安全考量。

■ 火侯沒控制好
製作醬汁時，火太大，鮮奶油易焦，有苦澀味。

滑嫩法式奶醬蘑菇雞

破解作法

材料：雞胸肉1付（約450公克），蘑菇10個切片，奶油50公克，液態鮮奶油100cc，黃芥末醬適量，法國茵陳蒿香料（tarragon）適量，鹽、胡椒適量。

作法：

1. 將雞胸肉泡在5%鹽水（300公克的水加入15公克的鹽）中約30分鐘，取出備用。

   Tips 鹽水使雞胸肉變得稍紮實，在加熱過程中保汁能力變強，烹煮過程中汁液滲出較少，雞肉會較嫩。

2. 將浸泡過鹽水的雞胸肉放入注滿冷水的煮鍋中加熱，當水溫達到約50℃時熄火，燜20分鐘。

   Tips 50℃、20分鐘快速熟成，使雞胸肉較嫩。

3. 再加熱煮至熟，立即盛起，切丁備用。

   Tips 煮熟後，需立即盛起，避免嫩雞胸肉煮太久又變硬。

4. 奶油、蘑菇丟入鍋中翻炒，炒好後放盤中備用。

5. 黃芥末醬、液態鮮奶油、香料同時放入鍋中，滾煮至濃稠狀。

6. 煮熟的雞胸肉丁、蘑菇一起放入鍋中，拌勻灑上鹽和胡椒，即可盛盤。

 雞肉是進口的好，還是國產的好？

由國外進口的冷凍雞肉解凍後會有汁液滲出、鮮味流失，吃起來沒有冷藏國產雞肉鮮甜，可依照個人喜好加以選購。

好吃訣竅

1. 肉泡在5%鹽水中

雞胸肉泡在5%鹽水中，能改變肉類的蛋白質結構，使肉類細胞更強健，會比未用鹽水浸泡的相同部位保留更多汁液。

2. 水溫達50℃後燜20分鐘

浸泡過鹽水的雞胸肉放入煮鍋中加熱，水溫達到約50℃左右熄火，燜20分鐘，即為快速熟成。

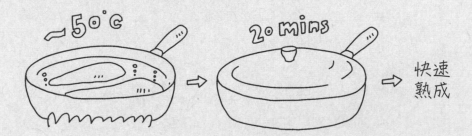

肉質軟嫩「**印度咖哩羊肉**」

　　若你曾到印度餐廳用餐，肯定看過菜單上這道咖哩羊肉抓飯，由於咖哩的辛辣與香味能遮掩羊肉的腥騷，是喜愛羊肉老饕的必點料理。

　　羊肉和牛肉、豬肉一樣，是紅肉之一，相較於牛肉、豬肉，台灣人覺得羊肉有羊騷味，不會特別在家料理。羊肉屬溫補；據本草綱目所記，有「暖中補虛、補中益氣、治虛勞寒冷」功用，加上熱量又低，所以視為秋冬的健康補品。咖哩是印度人的家常調味料，融合多種香料混合而成（其中的薑黃粉是抗氧化劑）。羊肉與咖哩的結合，滋味絕配，可以降低羊肉的膻味，同時提高多層次口感。

✖ 失敗作法

■ 香料作法不當
壓碎後的香料用大火在乾鍋中乾煸，香味不夠，而且會產生焦味。

濃郁味美的咖哩羊肉

破解作法

材料：羊肉300公克，咖哩粉、綠荳蔻、丁香、小茴香適量，鹽巴少許，油適量。

作法：

1. 大小顆粒的香料在鍋中乾炒至香，壓碎後備用。
2. 羊肉切丁，備用。
3. 起鍋熱油，將羊肉倒入鍋中快炒，表面變色即關火，讓半熟羊肉在鍋中靜置約20分鐘。
4. 再開大火將半熟羊肉炒熟，表面產生香醇香味。
5. 加少許水，已炒香的香料與咖哩粉，將羊肉燜爛後，再加入鹽起鍋盛盤。

好吃訣竅

1. 半熟肉在鍋中靜置20分鐘

讓半熟羊肉在鍋中靜置約20分鐘，即為快速熟成。

2. 炒熟到表面產生香醇味

再開大火將半熟羊肉炒熟，表面產生香醇味，即為梅納反應。

美味小知識

印度咖哩羊肉常用的辛香料介紹

▌咖哩

在印度，幾乎每一個家庭的廚房都有許多香料，很少人會用現成的咖哩粉，要用時才會研磨乾炒至香，咖哩羊肉中使用的香料，即是用綠荳蔻、丁香、小茴香、芫荽子等新鮮現磨的咖哩粉，香味自然濃郁。

▌綠豆蔻

印度菜的常用材料，可以原粒採用，或壓破取出籽，香味會更為強烈。綠豆蔻的香味很獨特，甜中帶甘。

▌丁香

指的是丁香屬植物樹上的花蕾，又名丁子香，乾燥後廣泛應用在烹飪調理中，是常用的食物香料之一。

▌小茴香

除了用於烹飪之外，小茴香還有消除脹氣、幫助消化及刺激食慾作用，溫水中加入小茴香油和蜂蜜，有助舒緩咳嗽。

「和風醬燒秋刀魚」
酥軟入味的工法

一位學生小甄很愛吃秋刀魚，有次上課時提問：「秋刀魚難道只能用烤的，才能吃到鮮嫩滋味？有沒有好吃下飯的作法？」在此為大家做解答。

秋刀魚是日本料理中的代表食材之一，深受台灣人喜歡，最常見的作法是炭烤、鹽烤。若想換種口味，和風醬燒秋刀魚是不錯選擇，不會太油膩，鹹中帶甜又下飯，連魚骨頭都可以吃，尤其適合想減重瘦身者。

✗ 失敗作法

■ 火侯控制不當
火開得太大，魚肉未充分熟成，肉質會變硬。

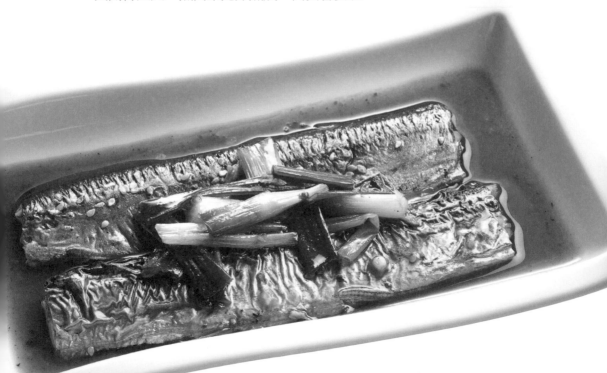

料理食驗室

風味醬燒秋刀魚

破解作法

材料：秋刀魚2尾，蔥4支，日式醬油100cc，味醂50cc，米酒及冰糖少
　　　許，水300cc。

作法：

1. 將蔥洗淨切段，一半放進深底鍋中。
2. 秋刀魚頭尾去掉後，對半切開，清掉內臟，洗淨後排在蔥上。
   Tips 若喜歡吃內臟的甘甜苦味，可不去內臟。
3. 淋上調味料，注入水300cc，要淹過大半隻魚身。
4. 蓋上鍋蓋，用很小的微火燜煮2小時，骨頭會軟化入味。
   Tips 把秋刀魚煮得酥軟入味，可以免挑魚刺，大人小孩都能吃得安心。
5. 起鍋前轉大火，撒上剩下蔥段，待蔥段熟透後即可起鍋。

好吃訣竅

快速熟成使魚肉軟嫩多汁

用很小的微火由水燜煮2小時，前30分鐘，溫度會慢慢上升，正好符合快速熟成的
條件。

美式早午餐主角
「班迪尼克蛋」

美國經典早午餐班迪尼克蛋的基本組合有水波蛋（Poached egg）、荷蘭醬（Hollandaise Sauce）、英式鬆餅（English Muffin），需分批製作再組合。

對美國人來說，班迪尼克蛋（Egg Benedict）是永遠不退場的經典早餐，而且歷史悠久，已經超過一百年了，不少美式咖啡店都會提供。班迪尼克蛋的製作有很多種說法，一種是1880年，紐約Delmonico's飯店主廚Charles Ranhofer為一對銀行家夫妻特製的早餐，後來就以這對夫妻的姓氏Benedict命名，另外一說是1894年，股票經紀人Lemuel Benedict在紐約Waldorf飯店點了吐司、水波蛋和培根當早餐，激起餐廳經理的靈感，用英式鬆餅（English muffin） 取代吐司，盛盤後再淋上荷蘭醬汁，就成了今日廣受歡迎的班迪尼克蛋。

✗ 失敗作法

■ 蛋白煮硬
煮水波蛋時，未將鍋內的滾水改成小火，蛋白易煮硬及不成形。

■ 蛋黃煮太熟
水波蛋煮到太熟，切開時沒有爆漿的蛋液。

■ 口感有誤
淡黃色荷蘭醬沒有適度的濃稠口感。

美式班迪尼克蛋

老師說：美式班迪尼克蛋，
一次都是製做一對。

破解作法

A. 水波蛋

材料：新鮮蛋2顆，水1000cc，醋8公克，鹽16公克。

作法：

1. 1000cc水倒入煮鍋中，加入醋、鹽，以小火煮水，煮至約80℃～90℃。
2. 打蛋後，放入碗內，輕滑入水中煮約數分鐘，一直至蛋浮起，然後熄火。

B. 荷蘭醬

材料：1顆蛋黃，檸檬汁、水、奶油適量。

作法：

1. 將蛋黃、水、檸檬汁倒入碗中，打發成為輕巧的泡沫。

    Tips 打發泡沫時，碗須置於燙水的蒸汽上加熱，使蛋黃稍微有點熱而變得較稠。

2. 奶油加熱融化。
3. 將融化後的熱奶油，一點一點慢慢地加入打發的泡沫中，調和成淡黃色
   的荷蘭醬。

    Tips 蛋黃打發時，碗下面的熱蒸汽及熱奶油會幫助蛋黃增稠。

C. 組合

將鬆餅切成一半，把軟嫩的水波蛋放在切半的鬆餅上，再淋上荷蘭醬，即
成好吃的班迪尼克蛋；若不想吃鬆餅，也可以依照個人的喜好，換成烤吐
司或麵包等。

好吃訣竅

1. 用筷子迅速轉成漩渦

水煮滾後要放入蛋之前，先轉成小火，用筷子或湯匙在鍋裡迅速轉成漩渦，再將蛋放入滾水中烹煮，此時蛋黃會被蛋白包覆成圓形。

> 老師說：需選購新鮮的蛋，由於蛋白濃稠，能夠緊緊將蛋黃鎖在中央，較不會滑散到旁邊。

漩渦 →

2. 爆漿蛋液是關鍵

水波蛋要煮到外熟內生，蛋白飽滿滑嫩，蛋黃一定要在中央，切開時要有爆漿的蛋液流出。

3. 熱奶油與打發的蛋泡沫充分攪拌

荷蘭醬需要現做現吃，熱奶油與打發的蛋泡沫需充分攪拌，至濃稠適度的口感。

奶油

充份攪拌

課程 06

自製營養好吃「蛋起司醬」

香濃的起司，加上鮮黃蛋液，想到就口水直流，但看起來簡單，想做到位卻並不容易。

起司，可說是營養濃縮的乳製品，每100公克含有近300大卡熱量，一片薄薄起司片約25公克，含75大卡，相當一杯240cc全脂牛奶的營養。如果家中冰箱有蛋與起司片，就可以用低溫加熱的方式，將起司融入蛋液中，做出營養好吃的蛋起司醬。

✘ 失敗作法

■ 煎太乾
將蛋液與切碎的起司一起倒入鍋中，用大火邊攪拌邊煎，結果太乾而失去黏稠狀。

香濃蛋起司醬

老師說：選擇有調味的起司片最為省事（如煙燻起司），烹調時，可以不用添加任何調味料，方便、省時。

破解作法

材料：1片起司，1顆雞蛋，油適量。

作法：

1. 起司切碎後，加入蛋，然後攪拌均勻。
2. 取一隻炒鍋，加點油，將蛋液倒入鍋中。
3. 用小火邊攪拌邊煎，慢慢加熱至稠狀，即可起鍋。
    攪拌時，溫度過高就會變成炒蛋，火侯要注意。
4. 用麵包沾蛋起司醬來吃，滋味更好。

好吃訣竅

以小火邊攪邊煎蛋液

用小火邊攪拌邊煎蛋液，溫度控制很重要，若溫度過高，蛋液會凝固。

攪拌

蛋液

小火

🍴 關於蛋起司醬，有什麼要特別注意的？

1. 蛋起司醬務必當餐吃完，不要隔餐。
2. 起司片以塑膠膜包好後可冷凍，以延長保存時間。
3. 對於乳糖不耐症的患者來說，一喝牛奶就拉肚子，起司中的乳糖在發酵過程多半都被分解，可以食用。
4. 打開包裝的起司片，若沒有一次吃完，可用塑膠袋包好，再放進冰箱冷藏以避免接觸空氣，可保持口感。

課程 07

糖水煮出Q軟「蜜紅豆」

紅豆是溫補的好食物，不管怎麼料理都好吃，特別是甜湯、甜點作法，很受女性朋友喜愛，如何煮出好吃的蜜紅豆，需要一點關鍵工法！

好吃軟嫩的蜜紅豆須保持完整，殼沒分離、破損，又能吃到軟爛口感，老一輩的阿嬤是用瓦斯爐煮紅豆湯，年輕人愛用電鍋煮紅豆湯，但在正常大氣壓下，用糖水煮紅豆湯會因滲透壓關係，無法煮出軟嫩感，該怎麼煮比較好呢？

✖ 失敗作法

■ 烹調順序錯誤
紅豆加水煮好後再加糖，結果沒有蜜紅豆的濃郁滋味。

■ 火侯控制不易
不太容易控制火候，紅豆可能煮得糊爛或太生。

Q軟蜜紅豆

破解作法

材料：新鮮紅豆300公克，砂糖150公克，室溫水1500cc。

作法：

1. 紅豆洗淨後，倒入快鍋（高壓鍋），加入砂糖、室溫水1500cc，開啟火源。

   Tips 糖水使紅豆保持形狀，產生Q感，不會過分軟爛。

2. 待快鍋達到一定壓力後，會產生哨音，需立刻轉為小火。

3. 維持哨音約50分鐘後熄火，燜約1小時，即可吃到粒粒飽滿、顆顆分明、綿密又軟嫩的蜜紅豆。

4. 若鍋中剩餘糖液不夠黏稠，可將已軟化的紅豆撈起，大火加熱糖液到黏稠狀態，再將軟化的紅豆放入鍋中，即可享用美味蜜紅豆。

好吃訣竅

鍋內高壓讓糖水滲入紅豆中

高壓鍋內高溫剛好可以讓適量的糖水滲入紅豆中，以免紅豆過硬。

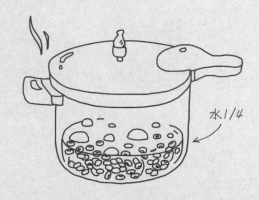

老師說：快鍋中紅豆、砂糖、水的量不要太多，可有效降低排氣孔被堵塞的機率，使壓力鍋的安全係數更高。

水1/4

肉嫩濃郁
「泰式綠咖哩雞肉」

泰式餐廳一間一間開,連鎖店也好幾間,可見台灣人鍾愛酸酸辣辣的泰式料理,而綠咖哩雞肉正是其中一道非點不可的菜,如果想要在家自己做,如何不失敗,第一次就成功呢?

泰國中部是泰國的魚米之鄉,物產豐饒,盛產各式蔬果、香料及海鮮,所以名菜不少。如冬蔭功湯(酸辣湯)、椰奶湯、泰式紅咖哩、泰式綠咖哩、九層塔炒雞等,其中的泰式綠咖哩是一道頗受台灣人喜愛的開味料理。

✗ 失敗作法

■ 少了一個關鍵工法
雞肉片下鍋炒至肉色變色後,未立即倒入1杯稀椰奶,導致肉質變得乾澀,口感不如預期。

料理食驗室

濃郁泰式綠咖哩雞肉

破解作法

材料：土雞肉300公克，茄子1根，濃椰漿100公克（包含步驟5的2茶匙濃椰漿），稀椰奶1杯（約300cc），綠咖哩醬、九層塔、紅辣椒絲、青辣椒絲、糖、魚露適量。

作法：
1. 土雞肉切成片或切成小塊狀，備用。
2. 濃椰漿入乾鍋快炒至椰油浮現，加入綠咖哩醬續炒1～2分鐘。
3. 雞肉片下鍋炒至肉色轉白，立即倒入稀椰奶，使其降溫至約50℃。
4. 茄子入鍋稍煮，添加糖、魚露調味，加入九層塔後熄火。
5. 裝盤時，淋上2茶匙濃椰漿，再撒上紅辣椒絲、青辣椒絲。

117

好吃訣竅

1. 炒到產生梅納反應

熱椰油中，加入綠咖哩醬續炒1～2分鐘，即可產生梅納反應。

2. 倒入椰奶使其降溫

雞肉片下鍋炒至肉色變白後，馬上倒入稀椰奶，目的是使其降溫至50℃，即為快速熟成。

炸出飽滿爽口
「泰國月亮蝦餅」

餡料飽滿、厚實，表皮香酥的月亮蝦餅是台灣人到泰國餐廳最愛點的料理之一，但好像很難在家做，其實只要掌握科學原理，輕鬆就能做出美味蝦餅！

到泰國餐廳用餐，月亮蝦餅幾乎是必點菜餚，有一次學生問道：月亮和蝦子有什麼關聯？我是學科學的，一個是星球，一個是海產，明明兩者之間扯不上任何關係。原來蝦餅是在還沒有放進炸鍋炸透之前，整片白白圓圓，很像掛在天上的滿月，更有趣的是，月亮蝦餅是台灣人綜合緬甸菜、越南菜，加上台灣口味研發而成泰國菜，對泰國人來說，從來不知道泰國食譜中有一道月亮蝦餅料理，透過文化交流頻繁，已經紅回泰國，目前在泰國的餐廳也一樣吃得到。

✖ 失敗作法

■ 用錯材料
一般坊間的作法是以太白粉取代澄粉，可能導致口感變硬，少了原有的酥脆感。

■ 未充分攪勻
未能充分攪勻蝦仁、肥豬肉致黏稠時，就急著加入蛋白、香油，結果口感變得不紮實。

■ 少了關鍵步驟
春捲皮壓平後，沒有用牙籤戳洞，以致油煎時春捲皮表面會拱起，失去平坦的樣貌。

飽滿爽口的月亮蝦餅

破解作法

材料：蝦仁10兩，肥豬肉50公克，蛋白1顆，春捲皮數張，澄粉1大匙，香菜1把，鹽、香油、胡椒粉少量。

作法：

1. 將蝦仁、肥豬肉切碎，蛋取蛋白部分，香菜取梗的部分切碎。
2. 取出1只深碗，先將蝦仁、肥豬肉充分攪勻致黏稠。
3. 再加入蛋白、鹽、胡椒粉、澄粉、香菜、香油放入拌均勻，即成蝦泥。
4. 取1片春捲皮，將蝦泥均勻鋪上，再用另1片春捲皮覆蓋壓緊。
5. 春捲皮壓平後用牙籤戳洞。

   Tips 目的是使春捲皮表面平坦。

6. 用平底鍋油煎至皮呈金黃色，切片即可。

 什麼是澄粉？

澄粉，也稱做澄麵，是去掉麵筋後的小麥麵粉，因為沒有麵筋，所以口感較軟Q；通常在食品材料行或南北雜貨行買得到。

> 老師說：早期泰國餐館的月亮蝦餅餡薄，近年來的蝦餅愈來愈講求厚度，厚度足夠，口感較佳。

好吃訣竅

1. 蝦粒可增加口感

蝦肉不能完全打成泥狀，要帶點不均勻的蝦粒，吃起來才覺得貨真價實，有顆粒可增添咬感。

帶點不均勻蝦粒 →

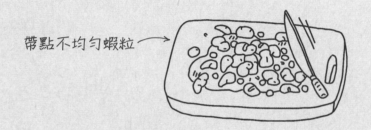

2. 煎到皮呈現金黃色

用平底鍋油煎蝦泥春捲皮，至呈現香醇金黃色，即為梅納反應。

梅納反應

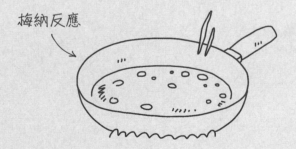

「印尼巴東牛肉」
柔嫩爽口的祕訣

印尼的巴東牛肉頗受歡迎，其烹調方法不花俏，關鍵是運用多種香料來提升味道，但牛肉的軟嫩與否需要點技巧，這時科學就派上用場啦！

印尼菜的味道，既辛辣又有清淡椰香，最具代表的是巴東菜，尤以巴東牛肉最負盛名。顧名思義，這道菜是發源自印尼巴東島（Padang）。巴東島位於蘇門答臘（Sumatra），是印尼眾多島嶼之一，因交通不便，反而保有傳統飲食模式，自成獨立派別。巴東牛肉的作法不複雜，重點是香料用得比較多，牛肉經過長時間烹煮後，可吸收椰漿和香料的精華，口感層次豐富，肉汁香濃，配上白飯或麵包一起入口，堪稱一流。

✗ 失敗作法

■ 肉切太薄
有些人會將牛肉切成薄片，但肉片太薄加上烹煮太久容易失去口感及嚼勁。

■ 火侯過大
烹調時，一直用大火加熱，容易造成牛肉的肉質太硬，難以入口。

料理食驗室

辛辣帶椰香的巴東牛肉

> 老師說：新鮮香茅葉和檸檬葉利用先煮後炒的方式，會產生更多獨特的風味。

破解作法

材料： 牛肉600公克，蛋黃1顆，椰漿、南薑、新鮮香茅葉、檸檬葉、酸子、大蒜、紅蔥頭、太白粉、九層塔適量，鹽、辣椒粉少許。

作法：
1. 將牛肉切成丁塊，加入太白粉、蛋黃和少量水拌勻，醃個10分鐘。
2. 取南薑、新鮮香茅葉和檸檬葉用3碗水煮10分鐘，濾出成為香料湯汁，備用。
3. 大蒜、紅蔥頭切末，起油鍋爆香，加入少量新鮮香茅葉、酸子、檸檬葉和湯裡的南薑拌炒一下。

   Tips 一定要添加酸子，才會吃出清爽、不油膩的口感。

4. 加入牛肉丁塊、辣椒粉、鹽拌炒至變色，再加入香料湯汁，用小火煮至剩下少許湯汁。
5. 最後加入椰漿、九層塔拌勻，即可盛盤。

好吃訣竅

1. 牛肉中心要保持約50℃

炒牛肉塊時，中心若能保持約50℃，20分鐘後牛肉快速熟成，再加熱煮熟，就可吃到柔嫩爽口的巴東牛肉。

2. 小火煮至剩少許湯汁

牛肉丁塊加入香料湯汁，用小火煮到湯汁剩下少許，此時溫度緩慢上升，正好可達到快速熟成的條件。

香料湯汁

小火

123

巴東牛肉常用的辛香料介紹

▍九層塔

九層塔是台灣的用語，學名是羅勒，是羅勒家族的一種，具有強烈的氣味，類似新鮮茴香的味道，可用於調味、去腥、提高菜餚香氣，用甜羅勒製成的青醬，常用於義大利麵內，九層塔也會用在三杯雞、鹽酥雞、炒茄子、炒蛋或越南米粉等料理。新鮮九層塔很容易凋萎，選購後最好儘速使用。

▍香茅

香茅是禾本科植物，是常見的香草，由於有一股檸檬香氣，又被稱為檸檬香茅。含有香毛醛、檸檬醛、揮發油，常用來作為提味香料，也適合泡茶，與薄荷、洋甘菊搭配一起製成的花茶，有助紓壓及安眠。市售香茅有新鮮或乾燥莖葉，可依據各人喜好使用。

▍檸檬葉

檸檬葉是檸檬的葉片，檸檬又稱亞洲萊姆、泰國青檸，廣泛栽種中南半島、印尼、馬來西亞等地。檸檬葉呈深墨綠色，除了檸檬氣味外，還有柑橘味，味道持久且強烈，細細品聞，還伴隨纖細優雅芳香。市售檸檬葉多為進口乾燥品，使用前需浸泡，葉片完全展開，香氣最為濃郁。

酸子

酸子又名酸角、酸豆、九層皮，未成熟果實的果肉酸澀，適用開胃菜餚中的辛香料，成熟果實的果肉微酸帶甜，適用甜點、蜜餞、飲料及沙拉、醬料。市售酸子製品有罐裝醬料、新鮮酸豆果莢、酸子糖，烹飪醬料可以用罐頭醬料，也可以用新鮮酸子調理。

大蒜

大蒜是除了素食者之外，廚房必備的辛香料，所含大蒜素是硫化物質，有強烈特殊氣味，是天然抗生素，有強烈殺菌作用。選購時，球體表面略有粉狀，沒有發芽者為佳，未剝皮的大蒜宜放在網袋中，置於通風陰涼處保存。

紅蔥頭

紅蔥頭就是火蔥，又稱珠蔥、香蔥、大頭蔥，是洋蔥的變種。紅蔥味較清香，沒有青蔥辛辣，屬於清香味，紅蔥很適合栽種在自家庭院陽台、樓上，約長一個月即可收成，可以當辛香料使用，也可以用油鍋炸紅蔥頭，自製成紅蔥酥。

南薑

南薑有散寒、暖胃的功效，可用於治療腹痛、下痢及消化不良。若選購新鮮南薑，可挑選飽滿無凹痕、顏色淡黃的比較好；南薑粉與南薑片則選購乾燥無受潮者。

課程 11

滿滿梅納香醇味
「越南魚露炒蝦」

越南菜喜好使用魚露、醬油、新鮮香草、水果和蔬菜提味，但以這道魚露炒蝦來說，蝦的口感很重要，可善用關鍵工法，讓料理一次就成功。

越南位於中南半島上，地緣臨近中國，曾被法國占領，致使越南料理近似中國菜，兼含法國菜的影子。越南菜大量使用新鮮生菜、香草，再佐以魚露提鮮，發展出兼具精緻清爽的「生、鮮、淡、酸」的特色，魚露炒蝦是越南名菜之一。

✗ 失敗作法

■ 蝦不新鮮
使用冷凍蝦子，酵素使蝦肉軟化，減少Q度，口感較差。

■ 腥味重
魚露是用小魚蝦為原料，傳統作法是經醃漬、發酵後得到的一種汁液，在各種微生物作用下，會釀造出有鮮味及腥味的魚露。太重的腥味會影響食慾。

可口清爽越南魚露炒蝦

破解作法

材料：蝦子600公克，檸檬1/2顆，紅蔥頭、薑片、蒜瓣粒、青蔥、魚露適量，米酒、白胡椒、泰式辣醬少許。

作法：
1. 將蝦剪鬚後再剪開背部，挑出腸泥，用鹽水洗乾淨，備用。
2. 檸檬以手榨汁至碗中；青蔥洗淨，切成蔥花，備用。
3. 炒鍋溫油，加入紅蔥頭、薑、蒜，溫油激發香味後，再升溫爆香。
4. 加入蝦子、米酒、白胡椒調味料，翻炒入味。
5. 再加入少許魚露、泰式辣醬、檸檬汁翻炒。
6. 起鍋前，撒上蔥花即可盛盤。

好吃訣竅

1. 辛香料以高溫油爆香

紅蔥頭、薑、蒜於高溫油中爆香，產生梅納的香醇味。

2. 起鍋前撒上蔥花

炒蝦起鍋前，撒上蔥花即為殺青作用，可嘗到蔥殺青的滋味。

梅納香氣

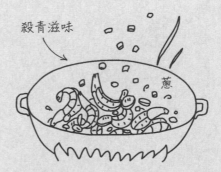

殺青滋味

蔥

美味小知識

東南亞料理常用的香料介紹

▌魚露

1. 是東南亞料理最常用的醬料，近年來，歐洲、北歐國家也逐漸風行使用魚露入味。

2. 魚露的製作有兩項不可缺的原物料，一是新鮮海水魚，一是食鹽，將新鮮海水魚及鹽一起放在大水缸中，需經太陽照射進行發酵，經由各種微生物繁殖及分泌作用，釀造出一種特殊氣味的液體，之後再添加各種辛香料、檸檬、砂糖等天然食材製成。

3. 台灣生產的魚露，源自福建的製作方式，後經臺灣水產研究所研發改良，滋味更為香醇，既沒有發酵過後的魚腥味，還多了一分鮮味，由於是採單一菌種控管發酵製作而來，沒有其他腐壞因子，不僅不會造成身體的負擔，反而多了一份健康。

▌泰式辣醬

是一種用紅辣椒、檸檬汁、魚露、糖、沙拉油等香料調製而成的泰式醬料，酸中帶辣，辣中帶香，可以用在各式泰國料理，像酸辣湯、泰式檸檬魚都會使用泰式辣醬，也常用作沾醬使用。

溫潤辣感
「馬來西亞叻沙麵」

　　叻沙麵有著濃濃的南洋風情，是一道令人無法忘懷的美食佳餚，但這道美食與科學原理的關係又在哪裡呢？

　　叻沙又稱喇沙（馬來語:Laksa）是馬來語的直接音譯，就是指椰漿咖哩湯麵，由椰漿、咖哩粉、蝦醬組合而成，味道相當特別，溫潤中帶有辣感，是一道很有特色的東南亞料理。叻沙種類繁多，不同族群地區作法各異，一般馬來西亞和新加坡華人所指的叻沙多為咖哩叻沙（Curry Laksa）或者是亞參叻沙（Asam Laksa）。叻沙麵是娘惹美食的典型代表，有辣椒的辣味、鮮蝦的鮮味及椰漿的奶香味，講究的是三味融為一體的效果。

✖ 失敗作法

■ 蝦不新鮮
有些叻沙麵裡頭的蝦用的是冷凍蝦子，口感軟爛較差。

■ 調味料不濃郁
叻沙麵的關鍵調味料未入油鍋大火炒香，香味較不濃郁。

■ 豆芽煮太爛
綠豆芽若煮太爛，容易失去清脆口感。

料理食驗室

濃濃南洋風情的叻沙麵

破解作法

材料：鮮蝦2尾，油豆腐1塊，魚丸2顆，熟麵條60公克，雞湯100cc，椰奶 30cc，綠豆芽菜適量，水煮蛋半顆，九層塔葉、紅蔥頭酥、辣椒片 適量，鹽、胡椒少許。

調味料：紅蔥頭、蒜瓣、薑片、香茅、紅辣椒、咖哩粉、蝦醬、沙拉油、 椰奶適量。

作法：

1. 將蝦剪鬚後再剪開背部，挑出腸泥，用鹽水洗乾淨，備用。油豆腐切 片，備用。

2. 用果汁機將所有調味料打成泥狀，倒入油鍋中炒香，產生爆香反應後， 加入雞湯、椰奶、鹽、胡椒煮沸。

3. 放入鮮蝦、油豆腐片、魚丸一同煮熟後，再加入已煮熟麵條，盛入碗中。

4. 將豆芽菜汆燙數秒鐘撈起，放入碗中，再將水煮蛋放入。

5. 最後撒上紅蔥頭酥、九層塔葉及辣椒片即完成。

好吃訣竅

1. 豆芽菜汆燙殺青

豆芽菜汆燙數秒鐘，即為殺青反應。

2. 調味料以油鍋爆炒

將打成泥狀的調味料，倒入油鍋中爆 炒，才會產生爆香梅納反應。

美味小知識

Q 什麼是娘惹？

馬來西亞的娘惹菜系（Peranakan Nonya Cuisine）是結合中國菜和馬來菜的馬六甲菜餚，有深遠的歷史淵源。

娘惹指華人和馬來西亞人通婚的女性後代，她們烹飪的料理稱為娘惹菜。明朝年間，透過聯姻方式，與馬六甲王國建立了穩固邦交關係，娘惹菜使用大量中國傳統的調味料及廚藝手法，又添加許多馬來人使用的香料，融合兩大菜系的精華，口味相當獨特。

馬來西亞料理常用的調味料介紹

▌蝦醬

蝦醬是用小蝦、鹽、發酵物磨製成的調味料，需經過陽光曝曬，將水分蒸發，再進行發酵製成，具有地方特色，常見於東南亞、香港、韓國沿海地區。

蝦醬很鹹，不適合直接食用，可炒菜、炒飯或搭配魚肉類使用，製成風味餐。

▌椰奶

椰奶是從椰子果肉榨出來的白色液體，顏色如牛奶，又稱椰奶，不同於水狀的椰子水。椰奶含有高油脂、高糖分，有濃郁奶香味，是東南亞菜餚重要調味料，也可以製成各式甜點、冰品。目前台灣椰奶、椰漿粉多半是進口，也可以將新鮮椰肉用果汁機打成椰奶。

課程 13

「韓國泡菜炒年糕」
好吃的祕密

　　韓風來襲，韓國美食近來也非常受到台灣人的喜愛，泡菜炒年糕就是一道必嚐料理，善用科學原理，讓你在家即可吃到道地的美味辣炒年糕！

韓國年糕是大米經過打製加工而成的，外觀是長條圓狀，不會黏牙，口感有嚼勁，久煮不易糊爛，且易吸取其他食材味道。韓國人炒年糕，配料用泡菜、肉絲，再用辣椒醬一起拌炒，口感Q彈，酸辣滋味不錯！

✗ 失敗作法

■ 未炒到紅油出現
辣椒醬沒有炒至紅油出現，香味不足。

■ 缺少關鍵步驟
起鍋前，沒用小火燜煮收汁，也沒加入太白粉以增加黏稠度。

辣香味足的泡菜炒年糕

破解作法

材料：韓國年糕200公克，韓國泡菜適量，肉絲50公克，韓國辣椒醬、辣椒粉適量，蒜片適量，鹽、油、砂糖少許，太白粉水適量。

作法：

1. 將韓國年糕放入碗中，加水浸泡至軟。
2. 炒鍋熱油，放入蒜片與肉絲爆香。
3. 倒入韓國辣椒醬拌炒，直至紅油出現，香氣溢出。
4. 再倒入年糕、韓國泡菜、鹽、適量水，開中小火燜煮收汁。
5. 關火前，加香油、勾芡，即可熄火起鍋。

> 老師說：韓國辣椒醬有不同的種類，選購時要注意是辣炒年糕專用，不要錯買成拌飯用的辣椒醬。

好吃訣竅

1. 爆香產生梅納反應

炒鍋熱油，放入肉絲爆香，產生梅納反應的香氣。

肉絲

梅納反應

2. 炒至紅油出現梅納反應

倒入韓國辣椒醬拌炒，直至紅油出現，產生爆香的梅納反應。

3. 淋上香油與芶芡

關火前由熱鍋邊淋上1湯匙香油與芶芡，增加香氣及口感。

 什麼是泡菜？

泡菜是將蔬菜浸泡在鹽水中保存、發酵的發酵蔬菜，鹽水濃度介於5%至10%之間，此時的鹽水濃度，腐敗菌不易繁殖，卻適合有益身體的酵母菌、乳酸菌、醋酸菌繁殖，能夠產生酒精及乳酸，同時有抑制腐敗作用，所以被視為養生蔬菜。

煮出米粒彈牙的
「義大利燉飯」

義大利燉飯或義大利燴飯，是一道利用高湯把米粒煮成濃郁質地的經典料理，但很容易不小心煮成稀飯或過度軟化，少了原有米粒的口感。

義大利語Risotto又稱義大利燉飯或義大利燴飯，我們傳統煮飯的方式是用生米「煮」成熟飯，義大利燉飯也用生米，卻是「炒」成熟飯，生米粒加上高湯，一邊炒，一邊慢慢熬煮出來黏稠完整的飯粒，高湯通常是以肉、魚或蔬菜為基底。許多燉飯會加入奶油、酒、以及洋蔥，煮出來的燉飯，米香濃郁、口感溫潤，是一道義大利的經典料理。

✖ 失敗作法

■ 高湯分量未控制好
高湯一次加太多，米粒過度糊化，煮成稀飯。

■ 蓋上鍋蓋烹煮法
烹煮時，蓋上鍋蓋，米粒會過度軟化，失去Q彈口感。

 如何挑選燉飯用的生米？

義大利燉飯生米不易選購（有Carnaroli, Arborio, Vialone Nano等）。如果真的不容易買，建議可用台梗九號蓬來米取代，也可以做出好吃的義大利燉飯，原因是台梗九號蓬來米是由直鏈澱粉及支鏈澱粉組成，與義大利燉飯米相似，口感Q而有黏性。

溫潤濃郁的義大利燉飯

破解作法

材料：義大利燉飯生米150公克，奶油50公克，橄欖油、白酒、蒜瓣、洋
蔥適量，黑胡椒、鹽、帕馬森乾乳酪少許，高湯750cc。

作法：

1. 蒜瓣、洋蔥剝殼洗淨切碎，備用。
2. 燉飯生米洗淨、瀝乾，若已乾淨不用清洗。
3. 炒鍋熱鍋，加入奶油、橄欖油，倒入切碎蒜末、洋蔥末，用中火炒香炒軟，有香氣。
4. 加入生米拌炒至金黃色，再淋上白酒持續拌炒，直到白酒被米吸收。
5. 分次加入高湯拌炒，直到高湯被米粒吸收且呈現黏稠狀。

    Tips 生米炒成熟飯時不要蓋上鍋蓋，以減少糊化與難收汁問題，高湯用量為生米的5倍。

6. 重複上述動作約20分鐘，直到米飯有了濃郁香氣及Q彈滑潤口感。

    Tips 此時米飯看起來會呈乳脂狀，但米的中心仍為白色。

7. 起鍋前，加入乳酪、黑胡椒、鹽調味，即可盛盤。

    Tips 炒米時，不要太早加入乳酪，以免香味揮發快速，少了燉飯香氣。

老師說：義大利燉飯的米粒中心為白色時，嘗起來較為彈牙，若不喜歡彈牙的口感，可多拌炒一下，讓米粒較軟爛。

好吃訣竅

1. 米粒於高溫油中殺青

油鍋中加入生米，米粒於高溫油中殺青後，稍後於高湯拌炒時，較能保持Q度。

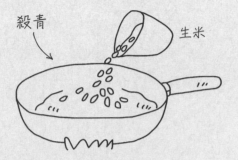

殺青
生米

2. 奶油炒至水分蒸發

奶油含水15%，炒至水分蒸發後，可以達到香醇的梅納反應，若鍋底有鍋巴（Maillard reaction），香氣會更為濃郁。

水分蒸發

3. 米粒拌炒至梅納反應

米粒於高溫油中，拌炒至金黃色，產生香醇氣味的梅納反應。

梅納反應

煎到微酥金黃色
「瑞士馬鈴薯煎餅」

馬鈴薯煎餅是瑞士常見的家常菜之一，名稱為Rösti，作法不難，很適合我們當成早午餐食用，且沒有炸薯條的油膩感。

一般人對馬鈴薯料理的印象，多半是炸薯條或洋芋片，似乎馬鈴薯非得用油炸，才能吃到最佳口感，但在瑞士最有名的是馬鈴薯煎餅，這是瑞士農民傳統的早餐，相當普遍的國民佳餚。

此道料理將煮熟的馬鈴薯煎成大塊的餅狀，外層煎起來又香又脆、裡頭稍軟，沒有炸薯條的油膩感，通常與煎過的香腸一起食用。

✖ 失敗作法

■ 使用馬鈴薯粉
以馬鈴薯粉取代新鮮的馬鈴薯，吃不到食物原有的鮮味。

■ 奶油量太少
放進平底鍋中的奶油量太少，煎不出酥脆口感的馬鈴薯餅。

 為什麼馬鈴薯發芽不能吃？

發芽食物都可以吃嗎？地瓜發芽可能只是影響口感，若這是馬鈴薯，請丟掉不要食用，原因是其為茄科食物，生長過程中會產生茄鹼（Glycoalkaloid），茄鹼是種天然毒素，即使煮過也難以破壞毒性，可能導致嘔吐、腹痛、腹瀉等症狀。

外脆香、內軟嫩的馬鈴薯煎餅

破解作法

材料：馬鈴薯1顆，奶油50公克，培根數片，胡椒粉少許，鹽適量，麵粉適量。

蘸醬：白酒醋、辣醬油適量。

作法：

1. 馬鈴薯蒸熟，去皮冷卻後切絲，加入一些奶油、培根、胡椒粉、鹽拌勻。

   Tips 馬鈴薯先蒸熟，比較容易剝皮。

2. 將拌勻馬鈴薯絲，拍上乾麵粉。

   Tips 馬鈴薯絲拍點乾麵粉，煎出來的泥餅才會漂亮。

3. 取一只平底鍋，開小火，放入小塊奶油，放入馬鈴薯絲，煎到微酥金黃色即可，起鍋前，再以大火乾煎一下。

   Tips 乾煎作用可以讓馬鈴薯餅較不油膩。

4. 白酒醋、辣醬油拌勻製成蘸醬，將煎好的馬鈴薯餅沾著吃，可吃到獨特口味。

好吃訣竅

1. 以小火蒸熟即為快速熟成

馬鈴薯以小火蒸熟，即為快速熟成，較易軟嫩，也才能將馬鈴薯絲與奶油融合成好吃的口感。

2. 煎到微酥的金黃色

馬鈴薯絲於奶油中煎成微酥金黃色，即為梅納反應，帶有香醇氣味。

小火蒸熟

梅納反應

142

梅納肉香味四溢的「德國酪梨漢堡」

酪梨是非常營養的水果且質地綿密，細滑綿密的口感很像奶油，但如果內餡牛肉少了豬絞肉或沒有煎到該有的梅納反應，肯定不到位。

漢堡是泛稱小圓麵包製成的三明治，對半切開的小圓麵包，可以在中間夾著各式各樣的食材和醬料，除了典型擺放牛絞肉肉餅、生菜、番茄片、洋蔥和漬黃瓜之外，享有健康美譽的酪梨漢堡一樣擄獲不少人的心，常被老饕譽為真正美食。

✖ 失敗作法

■ 未加豬絞肉
如果只單用牛絞肉，而沒加入油脂較多的豬絞肉，口感會太乾澀。

■ 內餡未煮熟
豬肉不可生食，因為裡頭常會有「豬肉條蟲」，內餡如果加了豬絞肉卻沒有完全煮熟，會造成健康問題。

健康美味的德國酪梨漢堡

破解作法

材料：牛絞肉70公克，豬絞肉30公克，進口酪梨1顆，洋蔥1片，酸奶油（sour cream）適量，麵包粉適量，蛋汁1匙，鹽少許，黑胡椒少許，小圓麵包1個。

作法：

1. 牛絞肉、豬絞肉加入黑胡椒、鹽，用手揉、甩、丟數分鐘。

   Tips 用牛肉太乾澀，用豬肉太油膩，可用牛、絞肉的混肉製成肉餅，比例7：3。

2. 加入麵包粉及蛋汁，揉成圓扁狀肉餅。
3. 酪梨洗淨、切片，備用。
4. 放入平底鍋中，以油煎或燒烤至表面產生肉香，肉餅熟後熄火。
5. 小圓麵包加熱後切成對半，包入煎熟的肉餅、切片酪梨及洋蔥，淋上酸奶油，即可食用。

好吃訣竅

1. 肉加入麵包粉和蛋汁

牛絞肉需充分揉、甩、丟，攪拌時加入麵包粉和蛋汁，形成較強的黏著力，避免油煎或燒烤時造成破碎和縮小。

麵包粉

蛋汁

2. 煎烤肉餅至出現肉香

肉餅放入平底鍋中,以油煎或燒烤至表面產生肉香,即為梅納反應。

梅納反應

 酪梨的營養二三事?

1. 酪梨在美洲原產地被稱為「森林的奶油」,營養密度很高,金氏世界紀錄認定為最營養的水果,但酪梨變軟後才好吃,挑選時要留意皮不能太黑,以免過熟,若買回來的酪梨較硬,需放在室溫下4～10天後變軟後,再來製作酪梨漢堡。

2. 酪梨還沒變軟之前,不能放在冰箱,以免低溫無法變熟。

3. 酪梨的果肉質地柔細,口感清甜,加熱後營養流失,會有苦味,所以比較適合冷食。

小火煮出
「西班牙焦糖牛奶醬」

焦糖牛奶抹醬,有著牛奶糖或太妃糖般得濃郁奶香,甜而不膩,甜中帶苦的焦糖味道,配上奶油香醇的煉乳,是古早與現代的融合。

焦糖牛奶(Dulce de Leche)是一種以牛奶為基底的糖漿,帶有焦糖風味的甜醬,起源於西班牙的焦糖牛奶,原意是牛奶的甜味或牛奶糖,外貌很像煉乳,顏色卻是咖啡色,一般人又稱咖啡色煉乳或咖啡色牛奶糖,後來在阿根廷發揚光大,成為美味健康的甜醬。

焦糖牛奶可以做成冰淇淋、巧克力、夾心餅乾、抹吐司麵包,就像花生醬一樣,可抹在麵包上。

✖ 失敗作法

■ 少了關鍵的麥芽糖

砂糖加水時,若沒有添加一點麥芽糖,熬煮到有焦糖味,攪拌時容易有發砂的顆粒,影響口感。

料理食驗室

香甜濃郁的焦糖牛奶醬

破解作法

材料：鮮奶油50cc，煉乳50cc，砂糖100公克，水50cc，麥芽糖適量。

作法：

1. 將砂糖、水、麥芽糖放入煮鍋中，用小火熬煮。
2. 煮到有焦糖味後熄火。
3. 逐次加入煉乳、鮮奶油，小心熱氣上升燙手。
4. 接著再倒入碗中冷卻，即會呈現太妃糖般的黏稠狀。

好吃訣竅

用小火煮至出現焦糖反應

將砂糖、水、麥芽糖放入煮鍋中，用小火熬煮至黏稠及焦糖味，即為焦糖反應。

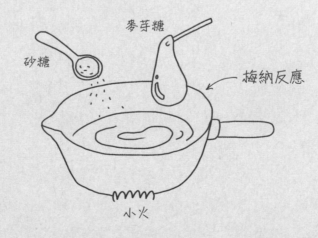

砂糖

麥芽糖

梅納反應

小火

高溫烙出「墨西哥捲餅」

　　捲餅是墨西哥最具特色的食物之一，其美好滋味讓你吃過後肯定忘不了，現在就要教你在家用科學原理自己做。

捲餅是墨西哥傳統食品，也是最普遍的國民料理。其作法很簡單，一張墨西哥薄餅（tlour tortilla），再將各式肉類，像烤牛肉、雞肉、豬肉、魚蝦等，搭配新鮮蔬菜等食材，像生菜、彩椒、玉米粒等鮮蔬捲成捲餅，再加些莎莎醬（salsa sauce）一起食用。

✗ 失敗作法

■ 餅皮冷藏太久

此料理是否好吃，餅皮是重要關鍵，如果購買市售Tortilla餅皮，置冷藏室太久，餅皮包餡料時會容易裂開。

料理食驗室

墨西哥捲餅皮

破解作法

材料：中筋麵粉300公克，鹽3公克，冷水160cc。

作法：

1. 麵粉放入大盆中，灑上鹽，邊加水邊以筷子攪拌，成半乾雪花片狀後，放涼約5～6分鐘。

    Tips 建議可加入少量的油，以增加柔軟度。

2. 抓捏成糰後，覆蓋保鮮膜醒約15分鐘。

3. 麵糰揉至光滑。

4. 將麵糰分割成6～8份，取出1份麵糰壓扁後，再以擀麵棍擀開。

5. 平底鍋加熱，不用倒油，將麵皮放入乾鍋中，以中小火兩面烙，烙至熟後熄火。

6. 烙好的餅以毛巾覆蓋保溫，避免太過乾燥。

好吃訣竅

表面產生香醇梅納反應

麵皮放入鍋中，以中小火兩面烙，烙好的餅表面因高溫產生香醇的脆皮，即為梅納反應。

梅納反應　　　香醇脆皮

肉香十足的
頂級「**匈牙利燉牛肉**」

　　匈牙利燉牛肉絕對是到匈牙利旅行時，不能錯過的經典料理，添加了紅椒粉，讓燉牛肉含特殊香氣卻香而不辣，美味極了。

匈牙利燉牛肉（Beef Goulash）起源於匈牙利，是一道流行東歐的家常燉品，由牛肉、紅洋蔥、蔬菜、香料及甜椒粉做成的，肉塊、蔬菜燉得軟爛，仍保有完整外形，汁摻有蔬菜的鮮甜及甜椒粉氣味，無論拌麵或用麵包蘸醬汁，都能吃到燉肉的精華，尤其是在寒冬裡吃到熱呼呼、紅咚咚，香氣十足的燉牛肉料理，常讓人直呼過癮。

✖ 失敗作法

■ 用一般辣椒粉
材料使用了一般的辣椒粉，口感太辣，吃不到紅椒粉的回甘味。

■ 僅用洋蔥提味
沒有將牛肉的表面炒香，產生肉香的梅納反應，只用洋蔥炒香提味，香氣不足。

香氣十足的燉牛肉料理

破解作法

材料：切塊牛肋條400公克，洋蔥1粒，紅椒粉、紅酒適量，麵粉10公克，去皮番茄罐頭1小罐，鹽、現磨黑胡椒適量，橄欖油適量。

作法：

1. 切塊牛肋條用鹽、胡椒、橄欖油抓揉一下。

2. 燉鍋熱油，開大火，將牛肋塊翻炒約1分鐘，直至牛肉表面產生肉香，立即將尚未熟的牛肋塊盛出。

   Tips 讓新鮮牛肉的酵素在溫熱條件下快速熟成，軟化牛肉。

3. 轉中火，放入洋蔥，翻炒至軟，出現香褐色，再將未熟牛肉倒回鍋中與洋蔥拌炒一下。

4. 再倒入麵粉、紅椒粉與牛肉、洋蔥同炒，直至粉類吸收湯汁後，將罐頭番茄倒入鍋中均勻拌炒。

   Tips 可以用成熟的紅番茄取代去皮番茄罐頭。

5. 拌炒均勻後，再加適量紅酒與水蓋過牛肋條，蓋上鍋蓋，送進預熱140℃的烤箱中，慢火烤上2小時，也可以用煮鍋燉煮1小時。

6. 烤完後取出燉鍋，就可以吃到美味的匈牙利燉牛肉。

老師說：

1. 長時間燉煮的匈牙利燉牛肉，第二天吃起來的滋味比現煮後更美味。

2. 匈牙利燉牛肉上桌前，可以先淋點酸奶，味道會更溫潤、圓滿。

1. 牛肉表面會產生梅納反應

燉鍋熱油，開大火，將牛肋塊翻炒約1分鐘，牛肉表面會產生肉香的梅納反應。

大火翻炒　　　　　　梅納反應

2. 牛肋塊取出進行快速熟成

牛肋塊翻炒約1分鐘後，馬上把牛肋塊取出，讓新鮮牛肉的酵素在溫熱條件下快速熟成。

靜置
快速熟成

3. 洋蔥炒成黃褐色

洋蔥在熱鍋中翻炒至黃褐色，即為梅納反應。

梅納反應

匈牙利料理常用的香料介紹

▌月桂葉

月桂葉（bay leaves）是月桂樹的樹葉，含有香葉烯和精油丁香酚，氣味溫和，卻很獨特，乾燥後的葉子，帶有草藥及花香味。地中海飲食常用月桂葉當作辛香料，無論是新鮮或乾燥的月桂葉，都被廣泛使用。

▌紅椒粉

紅椒粉（Paprika）是一種以紅甜椒或紅椒研磨成的香料，匈牙利紅椒粉通常是指無辣味、帶水果味的紅椒，是烹調肉類、燉菜、燉飯、湯品和米麵類的佐料，可以增添香氣、加艷色澤。紅椒粉需裝入密封罐放在陰涼處保存即可。

燒燉有食慾
「捷克紅椒酸奶燉雞」

你有吃過捷克菜嗎？這道紅椒酸奶燉雞就是有名的捷克料理，在此與大家分享，利用科學原理製作出好吃不柴的燉雞。

紅椒粉酸奶燉雞是捷克的家常料理，有淡淡酸味和奶味，是一道開胃菜，紅椒粉是這道菜主要調味料，酸奶油扮演提味角色，兩者搭配無間，讓人食慾大增，非常適合秋冬寒涼季節食用，邊吃邊暖，全身無比舒暢，擺脫寒意來襲。

✖ 失敗作法

■ 用一般辣椒粉
材料使用了一般的辣椒粉，結果口感太辣，吃不到紅椒粉的回甘味。

■ 少了爆香
直接將洋蔥放入鍋中烹煮，少了炒香爆香的關鍵工序，香氣不足。

> **美味小知識**

捷克料理常用的食材介紹——酸奶

西歐國家喜歡用奶油烹調，東歐的捷克、匈牙利則愛用酸奶油，尤其是烹飪辣椒雞、燉豬肉、燉雞肉、燉羊肉以及燉牛肉時，一定會使用酸奶油調味。酸奶油的口味介於優格和奶油之間，脂肪含量約在20%，和脂肪含量約是85%的奶油相比，屬於低熱量。

香氣十足的紅椒酸奶燉雞

破解作法

材料：雞肉400公克，洋蔥、蒜瓣、紅椒粉適量，酸奶50公克，雞高湯
　　　200cc，麵粉10公克，油、鹽適量。

調味料：醬油、酒適量。

作法：

1. 雞肉塊放置含1%鹽水的大碗中，置於冰箱冷藏數小時，洗淨後，再用
   醬油、酒調味10分鐘。

   Tips 雞肉塊放入1%鹽水中冷藏，有去血水、腥味的目的。

2. 接著將麵粉撒在雞肉上，備用。

3. 蒜瓣、洋蔥切成碎末，備用。

4. 平底鍋放入少量油，雞肉塊用小火煎至表面焦香即刻盛盤，快速熟成約
   10分鐘。

5. 洋蔥炒至焦香，再倒入蒜末，轉小火炒至有香味時盛起。

6. 再將先行已經快速熟成、尚未熟透的雞肉塊、洋蔥、紅椒粉一起倒入鍋
   中，加入雞高湯，用小火燉約20分鐘。

7. 最後加入酸奶與雞高湯均勻調味，即可熄火。

好吃訣竅

1. 煎到表面焦香

雞肉塊用小火煎至表面焦香,即為梅納反應。

梅納反應

2. 未熟肉置盤中快速熟成

中間未熟的雞肉塊盛於盤中約10分鐘,雞肉的酵素會軟化肉質即為快速熟成。

10 mins

4. 洋蔥以高溫炒至梅納反應

以中火翻炒洋蔥約5分鐘至軟,由於水分蒸發,油溫高過120℃,會產生香褐色的梅納反應。

5 mins
120℃

課程 21 用溫度烤出鮮美不柴「法國白蘭地鴨胸」

　　鴨胸肉就像雞胸肉，不是油脂豐富的部位，料理時一不注意，很容易煮太柴、太澀，如何用科學原理做出好吃的白蘭地鴨胸呢？

用白蘭地酒點火燒烤鴨胸肉，封住美味的肉汁，是一道經典的法國名菜。在平底鍋或鐵板煎出皮酥肉嫩的鴨胸，淋上慢火細熬的白蘭地紅酒醬，酒香搭配鴨胸嫩肉，滿口香甜，絕對滿足味蕾，是法國餐廳客人必點的佳餚。

✘ 失敗作法

■ 用鋁箔紙包覆煮熟
以鋁箔紙將鴨胸整個包覆，然後移入烤箱烤熟，少了煎過後的梅納香味。

■ 在鴨皮淋上白蘭地
直接在鴨皮上淋上白蘭地，然後點火，造成鴨皮不易酥脆，少了脆感。

料理食驗室

滿足味蕾的白蘭地鴨胸

老師說：養殖鴨肉含有非常多的脂肪，烹煮前用鹽水浸泡30分鐘，煎之前在鴨皮上切下數個刀口，可以逼出鴨皮內的油脂，吃起來才不會太油膩。

破解作法

材料：帶皮鴨胸1塊，白蘭地50公克，鹽15公克，水300cc，蘋果醬適量。

作法：

1. 300cc水中加入15公克的鹽，將鴨肉先浸泡鹽水中30分鐘。
2. 鴨肉取出，鴨皮上切數個刀口，以小火將鴨胸外皮煎至金黃色。
3. 以鋁箔紙將鴨胸包住約2/3部分，移入烤箱烤熟。
4. 淋上白蘭地，點火，使鴨皮酥脆，再盛盤。
5. 食用時，配上蘋果醬（或藍莓醬）。

好吃訣竅

1. 鴨胸以小火煎至金黃色

以小火將鴨胸外皮煎至金黃色，即為梅納反應。

2. 鴨胸以烤箱烤熟

鋁箔紙將鴨胸包住移入烤箱烤熟的過程，控制好溫度，不要太高，會經歷快速熟成階段，可吃到較嫩的鴨胸。

梅納反應

 鴨肉有毒嗎？

鴨肉性寒，體質寒的人吃了會腹瀉，鴨肉烹煮一定要加薑片、當歸等熱性食材來平衡。北平烤鴨廣東掛爐鴨都是用烤的，可以去除一些鴨本身的寒性。在國外，烹調鴨肉的熟度是七分熟，若是擔心鴨肉會有家禽細菌，煮至全熟較安全。

蒸出滑溜質地「日本茶碗蒸」

茶碗蒸在日式料理店是必點佳餚,但如何自行在家蒸出入口即化的口感呢?

到日本料理店用餐,日式茶碗蒸幾乎是必點佳餚,蛋蒸得細膩,入口即化,還可以吃到香菇、高湯的鮮甜味,一人一碗,常讓大家吃得意猶味盡。只是蒸來蒸去,不少人仍然覺得做不出完美無瑕的茶碗蒸,不是表面像蜂窩狀,就是蒸太老或是蒸不熟。這裡就要來教大家用科學原理,作出大師級滑溜茶碗蒸。

✘ 失敗作法

■ 蒸太久
用高溫蒸太久,使得蛋蒸太硬,影響口感。

■ 水滴影響口感
想不到吧,蒸煮後冷凝的水滴掉入茶碗蒸表面,竟然會影響風味及口感。

■ 碗底部直接接觸鍋底
放進蒸鍋之前,沒有鋪上墊高茶碗的器皿,茶碗底部直接接觸鍋底,導致蛋液因為過熱而產生氣泡。

料理食驗室

質地滑溜的日本茶碗蒸

破解作法

材料：新鮮雞蛋1顆，蝦仁1隻，香菇1朵。

配料：高湯（150cc，為蛋液份量3倍），鹽、醬油、味醂少許。

作法：

1. 先將高湯混合鹽、醬油、味醂拌勻，備用。

2. 蝦仁燙熟，香菇洗淨、切花紋，備用。

3. 雞蛋打散後混合高湯，再用濾網篩2次。

   Tips 蒸出的蛋會比較細緻。

4. 將蛋汁倒入小碗內，蛋液表面若有氣泡，先把氣泡去除。

   Tips 用小碗蒸蛋，可縮短蒸蛋時間。

5. 將蛋液放入已冒煙的蒸籠中，用小火蒸5分鐘，鍋蓋不要完全蓋住，留下些許縫隙。

   Tips 為了讓茶碗蒸表面平滑，蒸籠蓋要留縫隙，讓部分蒸氣散出。

好吃訣竅

勿完全蓋住

蓋子勿完全蓋住

茶碗蒸必須水嫩才美味，所以蒸籠蓋不要完全蓋住，以免起泡。

🍴 如何蒸出漂亮的茶碗蒸？

去除蛋液氣泡時，可以用廚房紙巾吸附或者可用火焰槍噴一下，有消泡作用。小碗需墊高，避免直接接觸鍋子，可減少蛋液因過熱而產生氣泡。

課程 23

烤出高貴不貴「日本蜜糖吐司」

想親嘗蜜糖吐司帶來的高貴感嗎？其實不用到下午茶專賣點，在家照樣可以享受到一樣的好滋味。

蜜糖吐司常與貴婦下午茶畫上等號，如果沒有吃過多層次食材製作的蜜糖吐司，注定與貴婦無緣，吸引不少人寧願排隊等候。蜜糖吐司是在1992年於日本推出，第一款的蜜糖吐司是把吐司切成九宮格、烤過之後再擠上鮮奶油，款式非常簡單，但後續又添加其他各式各樣款式，像是加了冰淇淋的，每一種都看起來好好吃。

✘ 失敗作法

■ 冷藏過久

吐司放入冰箱冷藏室過久，致使吐司過度脫水，缺少口感。

料理食驗室

烤出高貴不貴日本蜜糖吐司

破解作法

材料：新鮮吐司1/2條，無鹽奶油40公克，細糖粒適量，冰淇淋1球，鮮奶油適量，新鮮水果適量（草莓、藍莓等），杏仁片適量，細糖粉適量。

作法：

1. 將新鮮吐司放入冰箱冷藏1小時。

   Tips 麵包冷藏後，質地較硬，容易製作吐司模。

2. 將吐司中間挖空，並將挖出來的吐司切丁。
3. 吐司丁抹上天然的無鹽奶油，再灑上細糖粒。
4. 掏空吐司模的邊緣，抹上天然的無鹽奶油，灑上細糖粒。
5. 掏空吐司模與吐司丁，放入預熱烤箱，用175℃溫度烤10分鐘。
6. 將烤好的吐司丁放入掏空吐司模內，冷卻後表面擠上鮮奶油花，並加1球冰淇淋，水果、杏仁片和細糖粉。

好吃訣竅

以高溫烤出梅納香味

吐司放入預熱烤箱，用175℃溫度烤10分鐘，表面會產生香醇的梅納反應。

梅納反應

175℃ 10mins

用科學替食物把脈，
找出真相！

大家有沒有想過類似問題，

拜拜後的肉，重新加熱會出現異味？

塑膠瓶不重複使用，因為擔心致癌物質？

雞蛋隨意放在冰箱保存就可以了？

用大鍋燉肉，比較軟嫩好吃嗎？

半生不熟的食物，如何吃得安心呢？

水餃沒煮熟，可以吃嗎？

這些經常發生在周遭的飲食問題，

沒有正確的答案可供參考嗎？

現在，讓我們為食物把脈，破解謠言、找出真相！

祖先吃過的肉，重新加熱會有異味？

　　一位新嫁娘學生抱怨說，娘家很少拜拜，嫁到婆家後常要拜拜，準備祭拜用品已經讓她傷透腦筋，最麻煩的是祭拜過後的雞肉、豬肉、魚肉，根本吃不完，只好放在冰箱冷藏，可是為什麼冷藏、冷凍過的熟肉加熱以後，有一股怪騷味，以為腐壞了，婆家裡的人還笑說：「很好吃的肉呀！哪有什麼怪味？我看妳是想減肥不敢吃吧！」

 ## 煮熟的肉品為什麼有油騷味？

　　許多人已經習慣吃有油騷味（Warm-Over Flavor）的食物，煮熟的白斬雞肉、五花肉，只要在室溫中放置過久，或是冰箱冷藏約1～2天後，再經過蒸、煮慢速加熱後，很容易產生這股油騷味。

其實，不只白斬雞肉、五花肉，任何煮熟的肉品，像是東坡肉、肉丸、貢丸、魚丸、回鍋肉，由於儲存時與空氣接觸過久，在慢速復熱時也會出現這股異味。

煮熟的肉品會有油騷味，牽涉到兩個條件，一個是擺放在空氣中與氧氣接觸，此時肉中的不飽和脂肪酸會與空氣中的氧氣及肌紅素中的鐵質反應，會產生一種陳腐味道，但異味沒有那麼強烈，不過**冷肉慢慢從蒸、煮、炒的復熱過程中，這股腐味會因為持續慢速增溫而變得較為強烈**，使嗅覺產生不悅感。家禽肉、豬肉的脂肪組織含有較多不飽和脂肪酸，走味情形較牛肉嚴重。

 ## 終結肉品怪味的祕訣

我指導她兩個簡單方法，協助她改善這個狀況。

破解法一　肉絲涼拌菜

將冷藏白斬雞撕成肉絲，佐以小黃瓜絲、紅蘿蔔絲、淋上醬油、麻油、辣椒等醬料拌勻，即成一道美味可口的涼拌雞絲了。

破解法二　快速加熱法

如用高溫油爆炒或用微波爐迅速加熱，就可以減少慢速加熱的油騷味。再見到她時，笑得開懷，家中復熱的肉品果然少了油騷味，多了點美味。

為什麼乾淨的冰箱
仍有食物味？

很多家庭主婦將冰箱清理的非常乾淨，但復熱的食物仍有一股騷味，要怎麼做才能減少一般大眾所稱的冰箱食物味呢？在前面單元有提到，煮熟的雞肉、豬肉、魚肉，若曝露於空氣中過久，肉中不飽合脂肪酸會被空氣中氧氣和肌紅素中鐵質破壞，而產生些許的陳腐味道。在慢慢復熱過程（warm-over process），陳腐味道會增強成為強烈的油騷味。

減少腐味的改進方法

❶ 選擇真空包裝，減少食物與空氣的接觸。
❷ 熟食浸泡在汁液裡，減少和空氣接觸。舉例來說，滷肉飯的滷肉一直泡在滷汁中，可減少和空氣接觸，比較不會有 WOF 的問題。
❸ 復熱時，採迅速加熱，如前面單元提到破解法二的快速加熱方式。
❹ 可吃涼拌，避開WOF，如前面單元的雞肉絲涼拌菜。

醃製品較不會有WOF問題

香腸與臘肉，Ham有加「硝」，一般不會有WOF的問題。而法國油封鴨是法國傳統保存鴨腿的方法，confit 就是preserve 保存的意思，鴨腿泡在鴨油下面，減少空氣的接觸，比較不會有WOF的問題。

塑膠容器安全嗎？
塑膠瓶會分解致癌物質？

寶特瓶要少使用？

　　網路曾傳說，阿聯酋的一名小妹妹因為連續十六個月都使用同一個寶特瓶喝飲料，竟然罹患癌症，經調查後發現，寶特瓶生產過程中不會添加塑化劑，它是安全塑膠容器。

　　雖然證實寶特瓶（PET）沒有塑化劑，可以安全使用，但是**塑膠容器種類繁多，不是每一種都非常安全**，成大環境微量毒物研究團隊不但證實塑化劑是孩童性早熟的元凶之一，最近還發現造成性早熟的真正原因，塑化劑會刺激人體神經元「kiss 1」，分泌特殊蛋白質「kiss peptin」，刺激腦下垂體分泌黃體激素，造成胸部、生殖器的第二性徵發育。所以，身為家長的我們，一定要減少孩子使用含可塑劑塑膠容器的機會，避免干擾成長發育。

簡易辨別安全容器的方法

　　從圖表中，可以一覽塑膠容器的編號及材質，但一般人不易分辨幾號容器可以當水瓶用，幾號飲料杯有爭議，不安全，不要用？

　　我教學生的口訣是：摩托車**「野狼125」**，只要想到「125」，就可以查看容器下方三角框內的編號是不是**「1號」**、**「2號」**及**「5號」**，

這是安全便宜可用的塑膠容器，若1號的瓶口是乳白色，可以和2號、5號一樣，可以直接倒入燙水。「3」號、「6」號的塑膠材質一定要避免使用。7號塑膠材質包含其它未列出的塑膠，安全性較為複雜，不易分辨，須選用不含雙酚A（BPA-free）。

使用塑膠容器的4大堅持

對於使用塑膠容器，我一向有4大堅持：

❶ 儘量選用1、2、5號的塑膠容器，1號選瓶口為乳白色的寶特瓶（PET）、2號是HDPE、5號是PP，可直接倒入燙水消毒，環保又衛生。

瓶口是乳白色　　　　1號　　　　　　　　2號

❷ 請務必要挑選不含雙酚A的塑膠容器，7號中的PC含雙酚A。

❸ 不要隨意拋棄可重複使用的塑膠水瓶，像1、2、5號的塑膠容器，重複使用塑膠水瓶，可使環境更加美好。

❹ 重複使用水瓶時，會衍生衛生問題，像用嘴喝水時，嘴中食物容易進入水瓶中，有細菌污染的可能性，為了避免孳生細菌，每次裝水時可先洗淨，再裝燙水同時消毒。

5號

塑膠容器編號及材質

編號	塑膠材質	建議使用	使用說明	瓶身透明度
♺1 PET	聚乙烯對苯二甲酸酯 polyethylene terephthalate	○	無塑化劑。 瓶口若為乳白色，可直接倒入90℃的燙水，以利消毒；可重複使用。	透明
♺2 HDPE	高密度聚乙烯 high density polyethylene	○	無塑化劑。 可直接倒入滾水，以利消毒；可重複使用。	不透明
♺3 PVC	聚氯乙烯 polyvinyl chloride	×	有塑化劑。 影響健康。	透明
♺4 LDPE	低密度聚乙烯 low density polyethylene	○	無塑化劑。 大多為牛奶瓶。	不透明
♺5 PP	聚丙烯 polypropylene	○	無塑化劑。 可直接倒入滾水，以利消毒；可用於微波爐加熱使用，微波爐器皿多為此類。	不透明
♺6 PS	聚苯乙烯 Polystyrene	×	無塑化劑。 較不耐熱。	
♺7 other	共聚酯 Copolyester, Tritan™ 不含雙酚A（BPA free）	○	無塑化劑。 可直接倒入滾水，以利消毒，價錢貴。可重複使用。	透明
	聚甲基戊烯 polymethylpentene, PMP 不含雙酚A（BPA free）	○	無塑化劑。 可直接倒入滾水，以利消毒，價錢貴。可重複使用。	透明
	聚碳酸酯 polycarbonate, PC 含雙酚A（BPA）	×	無塑化劑。 雙酚A為環境荷爾蒙，會干擾內分泌。加拿大與美國已宣布嬰兒奶瓶禁用。	透明

資料來源：https://plasticsinfo.org/Main-Menu/MicrowaveFood/Need-to-Know/Plastic-Bev-Bottles

用滾水汆燙肉可去血水，但會變臭？

滾水燙溫體肉，會更臭？

一位學生問我什麼是溫體肉、新鮮肉、冷藏肉、冷凍肉，聽得出來，她不常逛市場，我好奇問：為什麼問這個問題？原來她用滾水汆燙在市場買來的排骨肉，卻被朋友糾正：滾水燙溫體肉，肉會更臭，這是真的嗎？

的確有可能，現宰溫體肉的屠宰時間通常是凌晨，販售到中午。消費者買到這塊溫體肉時，肉可能曝露在常溫4～8個小時，溫體肉在室溫曝露太久會產生氧化的臭味，若**用滾水汆燙，肉質表面蛋白質會因高溫變性關係，將有臭味的血水鎖在肉中**，反而影響肉質的鮮美。

✗ 錯誤作法

對於溫體肉，絕大部分的人會用蔥、薑、酒來處理，利用辛香味壓過氧化的臭味，只是壓贏了，肉味也跟著沒了，壓輸了，肉的臭味更明顯。那如何處理比較好呢？我提出以下建議：

✔ 破解法

❶ 購買現宰新鮮肉品，滾水汆燙去除表面血水，再烹調，肉質必鮮美。
❷ 到超市或肉品專賣店購買新鮮品質的冷藏肉或冷凍肉品，待肉品稍回溫後，用滾水汆燙去除表面血水及雜質，撈起後再進行烹調，就能維持有如現宰的新鮮度。

生溫體豬的除腥方法

破解法一 慢速除腥

將生肉泡在4℃，1%鹽水中（用1000cc水中放入10公克鹽製成），放入冰箱冷藏，換鹽水數次，減少溫體肉中有臭味的血水及淋巴液。

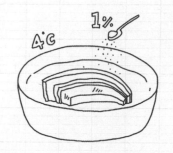

破解法二 快速除腥

沖洗後放入1%溫鹽水中浸泡或放入1%冷鹽水鍋中，再將火開到最小，水溫約50℃，煮約半小時後，會發現整鍋水因血水由肉中滲出而泛紅，上面還浮著一層淋巴雜質，聞起來有臭味，但肉還是很生，將溫水倒掉，可換水數次，去掉豬肉的腥味，立即烹飪，避免變質。

排骨竹筍湯的油騷味哪裡來？

有些餐廳為了方便，會將排骨徹底煮到軟嫩，冷卻後冷藏或冷凍儲存備用；冷藏或冷凍的軟嫩排骨放入竹筍湯中加熱後，即可快速端出排骨竹筍湯。但煮熟的排骨在儲存時，很容易吸收空氣中的氧氣而產生「些許異味」，當冰涼的排骨放入竹筍湯中慢慢加熱時，「些許異味」會因為慢慢增溫過程中變為較強的油騷味。

雞蛋放在冰箱門內蛋架上保存，正確嗎？

購買回來的新鮮雞蛋，和生鮮蔬果、魚肉一樣，要趁鮮吃，若二、三天可吃完，最簡單的保存方式是放在室內陰涼處。

從菜市場買回來的雞蛋或水洗蛋，容易殘留雞糞與沙門氏桿菌，直接置入冰箱門內蛋架上，容易汙染整個冰箱，對健康的影響甚鉅，如果一定要放在冰箱裡冷藏，**建議將整盒雞蛋收於密封塑膠袋中，再放在冰箱冷藏室**即可。皮蛋、煮熟的鹹蛋倒是可以擺放在冰箱門上，不會有污染的問題。

有些國家要求雞蛋在消毒、運輸、販售過程中，必須儲存在7℃以下，以減少雞蛋上殘留細菌的孳生。另外，超市及菜市場販售的雞蛋經常曝露在常溫下，品質會隨時間而下降，所以購買新鮮雞蛋時，需要注意生產時間，避免買到不新鮮的雞蛋。

雞蛋擺久後，蛋白會變得較微稀薄，購買雞蛋時，用手輕輕搖動，如感覺有蛋液流動表示是放久的陳蛋。**放久的雞蛋氣室會變大，也可以將雞蛋放入水中檢查，下沈的是鮮蛋，上浮的是陳蛋。**

上浮→陳蛋

下沉→鮮蛋

174

生雞蛋有沙門氏桿菌，
沙拉醬要少吃？

　　一遇到禽流感來襲，不能吃生雞蛋的新聞陸續播出，以生雞蛋製作成的美奶滋常會成為新聞主角，上課時我一定會詳細說明該如何製作新鮮安全、衛生的沙拉醬。

　　西式涼拌生菜，一般稱為沙拉（Salad），涼拌生菜的調味汁，俗稱沙拉醬（Salad dressing），有油醋醬（Vinaigrette），主要成分是油、鹽、醋等的混合物，也有蛋黃醬（Mayonnaise），是用蛋黃為乳化劑製成的醬料，一般人稱的美奶滋就是蛋黃醬。

　　美乃滋要做成功不是很容易的事，關鍵就在於攪拌的時候，沙拉油每次加入的份量，都必須小於前面蛋黃與油之混合液，也就是形成油分散於水性乳化物中的關鍵工法，做得成功，可以減少油膩感，而且蛋黃可以將油和醋完全融合在一起，成為不會分離的濃稠醬汁，加了番茄醬就成為千島沙拉醬。美奶滋如果吃不完，有多餘的美乃滋，可拿來炒蛋或炒飯，滋味一樣不錯。沒有加入蛋黃，只是加入人工乳化劑的沙拉醬，其實不能稱為蛋黃醬。

如何製作令人安心的美奶滋？

材料：蛋黃、白醋、沙拉油。

作法：

❶ 新鮮雞蛋洗淨後，再以滾水浸泡約30秒。

   Tips 作用是殺掉蛋殼表面的沙門氏桿菌。

❷ 擦乾雞蛋，破殼打入碗中。

❸ 取用一只乾淨塑膠瓶，壓出部分空氣後，將蛋黃吸入瓶內。

❹ 加入跟蛋黃量相比，約1/3的醋後，鎖緊瓶蓋，用力搖混均勻。

❺ 再加入跟蛋黃、醋相比，總量約1/3的沙拉油後，鎖緊瓶蓋，用力搖混均勻至完全融合。

❻ 再加入跟蛋黃、醋、沙拉油相比，總量約1/3的沙拉油後，鎖緊瓶蓋，用力搖混均勻至完全融合。

❼ 繼續數次加入跟蛋黃、醋、沙拉油相比，總量約1/3的沙拉油後，鎖緊瓶蓋，用力搖混均勻至完全融合，直到混合物形成黏稠狀的蛋黃醬（oil-in-water的乳化物）。

176

老師說：

1. 為了製作成功的蛋黃醬，以下參考配方可茲利用：1粒蛋黃約17公克，醋5公克，細糖粉及鹽少量，沙拉油160公克。
2. 可用檸檬汁來取代白醋。
3. 若想加調味料（細糖粉、鹽等），可在最先階段即加入，較能混合均勻。

冷凍水餃用冷水煮沸，安全又美味？

水餃是亞洲人常吃的食物，怎麼擀皮、剁餡，再煮出美味、衛生的水餃，是箇中巧手。煮水餃的作法是將水餃放入滾水中，蓋上鍋蓋，煮滾後，再加入一大碗冷水（點水），再蓋上鍋蓋煮滾，重覆3次，一盤熱呼呼的水餃便上桌了。

現代人忙碌，沒時間擀皮、剁餡、包水餃，冷凍水餃解決了時間困擾，只是到底該用冷水煮，還是滾水煮，說法不一。冷凍水餃的內餡是結凍，若熱能無法傳遞進去，造成烹煮時，外皮已經軟爛，但內餡卻還沒熟透的狀況，很有可能吃到生肉。

如何用科學方法煮現包水餃？

破解法 　**點水**

點水的目的是透過冷水的作用，讓水餃皮的溫度稍微下降，避免外皮因為高溫烹煮而快速糊化，且溫度下降後，促使外皮收縮，變得更Q、更有彈性，同時可以抵抗水滾之後的高溫。

傳統點水
（加冷水入鍋中）

創新點水
（水餃撈出沖冷水，充分降溫）

材料：水餃數顆，鍋子1只，水量要多，油、鹽少量。

作法：

❶ 取一只大鍋，裝入足夠的水，冷水煮滾後，用鍋鏟將水攪動，再下餃子，避免黏鍋。

　　Tips 鍋子小，空間太小，餃子容易沾黏，也易黏鍋，餃子皮易破損，所以要用大的鍋子煮。鍋中水量若太少，加入水餃後水溫會降較多，像在燉水餃的狀態，容易糊成一團。

❷ 水餃下鍋後，加入少量的油和鹽，蓋上鍋蓋，但不要完全蓋緊。

　　Tips 水中可以加少量油，餃子不容易沾黏。加少量鹽，減少餃皮澱粉流失，較不沾黏，咬起來有口感。

❸ 繼續煮滾後，用杓子將水餃由鍋中撈起，移至水龍頭下，用水沖（點水）大約5秒。

❹ 再將水餃放入滾水中，並蓋上鍋蓋，一樣不要完全蓋緊，重覆點水3次。

　　Tips 鍋蓋不蓋緊的原因是，避免水溫過高，水餃皮容易糊化。

老師說：

1. 如果使用火力低、加熱速度慢的電爐，水餃容易糊成一團。

2. 若煮的是冷凍水餃，水煮滾後下冷凍水餃，此時水餃外皮很快被燙熟，內餡仍處於結凍狀態，要花長的時間煮熟，所以要多點水2次。以傳統點水法，水餃皮易糊爛，以創新點水法，水餃皮較Q。

如何用科學方法煮冷凍水餃？

破解法

　　煮冷凍水餃的作法，可以用滾水煮，方法如前，當然也可以用冷水煮，只是工法要用對，才能煮熟且外皮有彈性。我從科學的角度建議，煮冷凍水餃時需要注意的步驟如下。

材料：水餃數顆，鍋子1只（要夠大），水量要多，油、鹽少量。
作法：

❶ 冷水入鍋，開大火，慢慢加入冷凍水餃，加入少量的油與鹽，蓋上鍋蓋，待水煮滾後，用鍋鏟輕輕推動水餃，避免黏鍋。

❷ 再加入稍多冷水蓋上鍋蓋，不要蓋緊，改小火煮滾後即可起鍋。

　　Tips 以小火慢慢加熱，讓熱慢慢傳入水餃內部，結凍的內餡可以徹底加熱。

> 老師說：若以大火快速加熱，熱能較無法傳遞進去，易造成烹煮時，外皮已經軟爛但內餡卻還沒熟透的狀況，易吃到生肉。

冷水煮水餃，真的可行嗎？

有學生懷疑說，冷水煮水餃，水餃皮不會糊化？冷水煮現包水餃，水餃皮易糊化，但煮冷凍水餃則不會，原因是冷凍水餃的皮因低溫造成收縮比較結實，較能抵抗糊化。冷凍水餃和冷水一起加熱煮時，隨著水溫逐漸上升，麵皮和內餡的溫度跟著慢慢上升，水滾時，水餃外皮、內餡和滾水溫度均勻，煮出來水餃，彈性好，肉餡熟，安全衛生又可口。

糯米粽子不易消化，建議少吃？

我個人覺得糯米蠻好消化，像粽子、油飯、麻糬、紅龜粿、飯糰都一樣，只是每次說，就有人懷疑怎麼可能呢，糯米很不好消化啊？

對胃腸功能正常的人來說，消化液分泌量大，消化酵素活性高，即使食物組織緊密，仍有機會容易消化，但是對胃酸分泌不足、酵素活性弱的人來說，就會覺得很難消化，尤其糯米產品非常黏，經過口腔咀嚼進入胃後，又很容易回結成一大塊，所以消化時間會拉長。

中國老祖宗很有智慧，知道有些人的腸胃不容易消化糯米，所以有午時菜習俗，認為在端午節吃粽子時，搭配吃高纖維的豇豆與茄子這兩樣午時菜有助消化，可以減少糯米產品在胃中又回結成塊的情況，台語諺語「呷菜豆，呷到老老；呷茄，呷到會搖」，可見**吃糯米產品時，邊吃高纖維食物**，就能降低不易消化的難題。

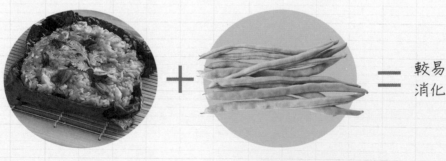

糯米產品　　　　　　　高纖維食物　　　　　＝　較易消化

新鮮麵包或饅頭
適合放冰箱冷藏嗎？

一位學生為了新鮮麵包或饅頭到底要放在室溫下，還是放在冰箱冷藏室煩惱不已，原來是她先生喜歡吃饅頭、麵包這類麵食，買回家後，覺得剛出爐很新鮮，買回來就放在餐桌上，可是先生質疑會流失新鮮度，堅持一定要放在冰箱冷藏，兩個人常為此起爭執。

我的答案是，如果短時間可以吃完，剛出爐的饅頭或麵包滋味最棒，不要放在冰箱中，**如果不可能一、兩天之內吃完，就直接密封好，放進冷凍室。**

澱粉的化學變化

新鮮麵包或饅頭儲存在4℃冰箱冷藏會加速老化、變乾、變硬，老化速度會提升6倍。**放在-18℃冷凍庫冷凍，能擺久，不易老化，也不易發霉**，要吃時，取出後回復至室溫即可享用，當然復熱後再吃也是不錯。

澱粉老化俗稱「回凝」現象，是澱粉不可逆的過程，放在室溫或低於室溫條件下，澱粉結構部分結晶化變得不透明，不僅口感變差，消化吸收率一樣降低。

新鮮麵包或饅頭的配方中加些大麥粉，由於大麥粉結構與成分與小麥不同，可以阻礙或是減低新鮮麵包或饅頭的結晶速率，進而減少老化的速率。

大鍋燉肉比較軟嫩好吃？

對於大鍋燉肉比小鍋燉肉好吃的說法，很少燉肉的學生常不能理解，同樣是鍋子，會有這麼大的差異？

大鍋燉肉比較好吃，不柴、不硬的原因是家中爐火不夠旺，因**慢慢加熱整鍋肉的溫度介於40至60℃之間較長**，正好達到肉品快速熟成階段，所以軟嫩無比。我常建議學生，**燉肉時要多利用快速熟成**，若用小鍋燉肉時，當肉中心溫度達到快速熟成的範圍時需調降熱源約20分鐘，待肉充分熟成後再提升溫度煮熟。

你吃的是「真」清粥，還是「合成」粥？

許多人在早餐或消夜時喜歡來一碗熱騰騰的清粥，但你知道吃的是白米熬煮出來的真清粥？還是太白粉勾芡出來的合成粥呢？

許多煮粥的業者，為了快速煮出清粥，會用大火煮出沒有黏稠感的稀飯，為了讓稀飯看起來濃稠賣相好，會再用太白粉水勾芡，但用太白粉勾芡會增加身體負擔，這種粥擺一陣子後會失掉黏稠感。有些電子鍋沒有時間設定關機，是不適合煮稀飯的，因為電子鍋外鍋不加水，內鍋水未煮乾前，內外鍋界面不會產生較高溫而引發自動關機，會因煮太久而噴出……其實，煮一碗好粥沒那麼難，只要用電鍋煮好後燜一會兒，然後再煮一次且再燜一會兒，就可喝到真正的濃稠米粥，很簡單吧。

關鍵工法索引 Index

國家圖書館出版品預行編目資料

廚房裡的美味科學：把菜煮好吃不必靠經驗，關鍵
在科學訣竅。 / 章致綱著 . -- 臺北市：三采文化，
2016.07
面； 公分 . -- (好日好食；29)

ISBN 978-986-342-655-4(平裝)
1. 食譜 2. 烹飪
427.1   105010070

suncolor
三采文化集團

好日好食 29

廚房裡的美味科學
把菜煮好吃不必靠經驗，關鍵在科學訣竅。

作者｜章致綱

副總編輯｜鄭微宣　　主編｜藍尹君

封面設計｜徐珮綺　　美術編輯｜陳育彤　　攝影｜林子茗

插畫｜彭綉雯　　專案經理｜張育珊　　行銷企劃｜王思婕　　文字整理｜梁雲芳

發行人｜張輝明　　總編輯｜曾雅青　　發行所｜三采文化股份有限公司
地址｜台北市內湖區瑞光路 513 巷 33 號 8 樓
傳訊｜TEL:8797-1234　FAX:8797-1688　　網址｜www.suncolor.com.tw
郵政劃撥｜帳號：14319060　戶名：三采文化股份有限公司
初版發行｜2016 年 7 月 1 日　定價｜NT$350
　　12刷｜2021 年 10 月 25 日